滦河流域水库群联合供水
调度与预警系统研究

万 芳 吴泽宁 著

U0325809

国家自然科学基金项目：(51509089、51379078、41501025)
中国博士后面上基金项目：(2015M582205)　　　　　　　　联合资助

科 学 出 版 社

北 京

内 容 简 介

　　本书全面系统地论述了滦河流域水库群供水优化调度及风险预警机制。全书共分 7 章:第 1 章介绍我国水资源面临的问题、解决对策及优化配置与调度;第 2 章介绍滦河流域概况及供水区基本情况;第 3 章介绍入库径流规律分析及区域水资源供需预测;第 4 章进行水库群供水优化调度模型与求解算法研究;第 5 章进行滦河流域水库群联合供水调度研究;第 6 章开展水库群供水实时调度与修正研究;第 7 章开展水库群供水预警系统研究及其准确度分析。

　　本书可供从事水资源系统规划、设计和工程管理的科技人员学习参考,并可用作大专院校有关专业教师、研究生的教学参考书。

图书在版编目(CIP)数据

滦河流域水库群联合供水调度与预警系统研究/万芳,吴泽宁著.—北京:科学出版社,2016.7
　　ISBN 978-7-03-049474-0

Ⅰ.①滦…　Ⅱ.①万…②吴…　Ⅲ.①滦河—流域—供水管理—水库调度—研究②滦河—流域—供水管理—预警系统—研究　Ⅳ.①TV697.1

中国版本图书馆 CIP 数据核字(2016)第 176176 号

责任编辑:张颖兵　杨光华/责任校对:肖　婷
责任印制:彭　超/封面设计:苏　波

科 学 出 版 社 出版
北京东黄城根北街 16 号
邮政编码:100717
http://www.sciencep.com

武汉市首壹印务有限公司印刷
科学出版社发行　各地新华书店经销
*
开本:787×1092　1/16
2016 年 7 月第　一　版　印张:8 3/4
2016 年 7 月第一次印刷　字数:255 000
定价:50.00 元
(如有印装质量问题,我社负责调换)

前　言

　　我国水资源时空分布不均,供需矛盾日益突出,水资源合理分配及可持续发展是实现社会、经济与生态环境可持续发展的关键问题。随着社会经济的发展、人口的增加,以及水资源时空分布不均等因素的影响,很多地区不同程度地出现了供水危机,而且水多、水少、水污染已成为我国社会经济发展重要的制约因素。合理调度水资源是维持水资源系统的良性循环和流域水管理的重大科学实践问题。日益严重的水资源短缺迫使研究水库群联合供水调度,采用非工程措施充分发挥各水库的调蓄能力,使库中水量得到最优化配置,蓄丰补枯增加枯水期缺水地区的供水量,从而既能保障城市生活用水又最大限度地确保工农业用水,尽量减少缺水造成的损失。

　　目前,我国水库供水调度尤其是实时供水调度研究及供水预警系统的理论、方法和实时调度还不成熟,开展水库群实时供水调度及供水预警系统研究,是供水调度实际解决的关键技术问题。滦河是北方地区较丰沛的河流之一,多年平均径流量是 46.94×10^8 m³,年际水量分配不均,具有连丰连枯的水文特性。面对天津、唐山、秦皇岛三市快速增长的用水需求,经济社会发展与水生态环境的矛盾更加明显。传统的单一水库调度模式已不能适应引滦供水形势的变化,天津、唐山、秦皇岛三市水资源的供水结构将发生改变,水资源供需矛盾日益突出。潘家口、大黑汀、桃林口、于桥、邱庄、陡河六座水库作为天津、唐山、秦皇岛三市重要的引水工程,开展六水库联合供水优化调度,充分发挥各水库的综合效益,改善该地区水生态环境,减轻供水区供需矛盾具有重要的意义,为天津、唐山、秦皇岛三市的城市发展提供了有力的供水保障。

随着社会经济的发展,水资源的短缺和水库联合调度的数量增加,水库优化调度成为一个大型的复杂非线性决策问题,同时涉及多学科与多部门利益,因此研究水库群联合供水优化调度具有重要的学术价值和应用意义。随着学科、理论与调度技术的发展,以及现行调度环境的变化,水库供水调度的发展趋势为"应用新技术和方法解决水库调度问题,同时理论与实际生产要紧密联合,实现水库的实时供水调度"。

本书结合滦河下游水库群,首先,对水库径流规律、水库间丰枯补偿及水资源供需水进行了分析,建立了水库群供水优化调度模型,研究了能够提高计算效率与计算精度的模型求解方法;同时,对滦河下游水库群的中长期供水调度和实时调度进行了研究和计算;最后,对水库群供水预警系统进行了研究和分析。主要研究内容包括:绪论、滦河流域概况及供水区基本情况、入库径流规律分析及区域水资源供需预测、水库群供水优化调度模型与求解算法研究、滦河流域水库群联合供水调度研究、水库群供水实时调度与修正、水库群供水预警系统研究及其准确度分析。主要从以下几个方面进行研究。

(1)在介绍滦河流域自然地理情况和水文气象情况的基础上,对滦河六水库的地理位置、主要工程特性和各供水区的供给关系、供需水情势进行了简单分析,为水库群供水优化调度奠定了基础。

(2)分析了潘家口水库的径流变化规律;建立基于蚁群优化的神经网络模型,对滦河流域供需水情况进行了预测;建立混合 Copula 函数分布模型,对潘家口水库与下游几个水库的丰枯遭遇及相互补偿特性进行了分析。结果表明,滦河流域各水库间具有一定的丰枯补偿能力,为水库群联合供水调度提供了较有利的依据。

(3)建立了水库群中长期供水优化调度模型。论述水库群供水联合调度的必要性与可行性,提出了水库群联合供水调度的原则;在此基础上,建立了水库供水的缺水量最小模型、最大缺水率最小模型和水库群供水经济效益最大模型,并且分别给出了各个模型的适应条件;结合水库群供水调度的特点,将粒子群优化算法和免疫进化算法进行有效的耦合,提出基于免疫的粒子群算法,并应用于水库群供水联合调度的模型求解中。

(4)滦河下游水库群供水调度的分析与计算。论述水库群供水配置的供水、用水次序;提出了滦河下游供水库群聚合-协调-分解模型和方法,建立了水库群聚合、分解和协调规则,计算了不同供水区的相对重要性;在比较免疫进化粒子群算法和协进化遗传算法的基础上,采用了免疫进化粒子群算法对聚合-协调-分解模型进行求解,得到水库供水优化结果和水库供水调度过程图。结果表明,水库群联合调度不仅可以充分发挥不同河流的水文补偿作用,而且更有利于发挥不同水库调节性能的库容补偿作用。

（5）水库群联合供水实时调度研究。基于自适应原理的水库实时调度理论,建立了短期水库群供水调度模型,并应用于中长期供水调度相同的算法对短期供水调度模型进行求解;采取"宏观总控、长短嵌套、实时决策"的模式,依据中长期调度的供水调度结果,计算水库在各供水区的实时供水过程;采用"预报—决策—实施—再预报—再决策—再实施"循环往复不断修正的策略,对水库群实时供水调度的偏差进行修正;对滦河水库群供水实时调度计算结果表明,实时调度更符合实际水库运行的需要,能较好地反映水库和供水区在面临时段的供需水状况。

（6）对水库群联合供水预警系统进行研究。建立了供水预警指标;提出了水库不同缺水情况下的预警灯号,以及不同预警灯号下的缺水预警指标SAI和供水预警系统的风险分析方法;给出了水库供水不足时采取的供水应变措施;应用于滦河水库群供水调度结果表明,本书建立的水库供水预警系统简单实用,可使供水区缺水损失最小,并提高水资源利用率,对实际生产调度具有一定的指导作用。

综上所述,跨流域水库群供水优化调度在经济-社会-环境-水资源大系统中具有举足轻重的作用。本书研究具有前瞻性、基础性和应用性,能为大规模跨流域水库群制定合理供水策略、规避不确定性风险、在调度效益与调度风险之间寻求最佳平衡点,提供刚性优化与柔性决策依据,具有重要的理论意义和良好的应用前景。

在本书编写过程中,得到了黄强、邱林、聂相田、吴泽宁教授的指导与关怀;得到原文林、王文川、徐冬梅副教授以及吕素冰、李庆云、孙艳伟等博士的帮助;此外,科学出版社也给予了大力支持,使本书得以顺利出版,在此深表谢意! 本书在编写的过程中参阅并引用了大量的文献,在此对这些文献的作者们表示诚挚的感谢!

由于编者水平有限,书中谬误难免,恳请广大读者给予批评指正。

作　者

2016 年 4 月于郑州

目　录

第1章 绪 论

1.1 我国水资源概况

我国虽然水资源丰富,但时空分布不均,水资源供需矛盾日益突出,水资源合理分配以及可持续发展是实现社会、经济与生态环境可持续发展的关键问题,我国是世界上水旱灾害频发且影响范围较广泛的国家之一,当今世界面临的人口、资源和环境三大问题,水已经成为最关键的问题之一,而且洪涝灾害、干旱缺水、水环境恶化已经成为我国社会经济发展重要的制约因素。随着社会经济的迅速发展,我国已建成很多大型水库工程,水库调度是一个传统的研究课题,水资源合理配置成为学术界普遍关注的问题,合理调度水资源是维持水资源系统的良性循环和流域水管理的重大科学实践问题。

我国处于季风气候区,由于受热带以及太平洋低纬度温暖、潮湿空气等的影响,东南、西南及东北地区有充沛的降水量,但由于受气候及地形的影响,我国水资源时空分布不匀及时程变化大,而且降雨多集中在夏季七月份到九月份,经常造成洪水灾害,而在一月份到三月份降雨减少。降水量从东南沿海向西北内陆递减,依次可划分为多雨、湿润、半湿润、半干旱、干旱五种地带。由于降水量的地区分布很不均匀,造成了全国水土资源不平衡现象,长江流域和长江以南耕地只占全国的 36%,而水资源量却占全国的 80%;黄河、淮河、海河三大流域,水资源量只占全国的 8%,而耕地却占全国的 40%,水土资源相差悬殊。降水量和径流量的年内、年际变化很大,并有枯水年或丰水年连续出现。全国大部分地区冬春少雨、夏秋多雨,东南沿海各省,雨季较长较早。降水量最集中的为黄淮海平原的山前地区,汛期多以暴雨形式出现,有的年份一天大暴雨超过了多年平均年降水量。降水量的年际变化,北方大于南方,黄河和松花江在近 70 年中出现过连续 11~13 年的枯水期,也出现过连续 7~9 年的丰水期。因此,流域水资源优化配置需要依靠水利工程——水库进行有计划的调节,蓄丰补枯、跨流域调水等手段缓解洪涝灾害。水资源优化配置可按照可持续性、公平性、有效性和系统性的原则,遵循生态规律以及社会经济规律,对一些流域上不同形式的水资源,通过各种工程和非工程措施,合理抑制需求、有效增加供水、积极保护生态环境等手段和措施,在社会经济用水之间、区域之间、经济各部门用水之间进行科学的调配,尽可能提高流域整体的用水效率,降低缺水损失,促进流域水资源的可持续利用、区域的可持续发展和生态系统的健康稳定。

　　水资源的需求对象很多,其中需水要足以满足基本生活需水为前提、保障基本生态环境需水为出发点、合理规划生产需水为目的,实现水资源的可持续利用,促进社会经济、生态环境与资源的协调健康发展。其配置的核心内容具体包括以下几个方面。

　　(1)水量平衡。水量平衡是水库供水调度和管理的基本要求,它贯穿于水资源优化配置的始终。这其中包括研究区域水资源总量的科学计算、时空分布规律分析以及水资源构成统计。其次是分析研究区域可开发利用的水资源总量,可开发利用量才是进行水资源配置的可操作的水资源总量,在水库供水调度的整个过程中都必须满足水资源配置总量小于或等于区域可利用水资源总量,以实现区域水量平衡。

　　(2)供需协调。供需分析是水库供水调度的重要内容,水库供水调度的目的就是要进行水资源的供需协调,使之最大限度地满足水资源的需求量,保证社会经济的高速稳定发展,同时需水量不能超过区域水资源本身的供水能力,需水分析主要包括生态环境需水、生活需水和生产需水三部分。

　　(3)四水转换。四水是指降水、地表水、土壤水和地下水,它们互相依存,互相转换,关系复杂,在水资源配置中必须分别对待,合理利用,在量上准确计算避免重复,同时,针对研究区域的特点综合分析各种水源的合理开发利用模式。

　　(4)时空调节。由于水资源的形式多种多样,有降水、洪水、径流等。降水、洪水等的发生具有随机性,同时还具有量大时短的特点,为此修建了大量的水利工程,如水库,通过水库的合理调度可以达到削峰削洪、蓄水调水的目的,从而解决来水与用水之间的时间分布不协调问题;另外在很多地方存在水资源量在空间上分布不均的状况,通常通过跨流域调水,将水资源丰富地区的水量调入缺水区。

1.2 我国水资源面临的问题

我国虽具有丰富的水资源,居世界第六位,但受到地形和气候的影响,我国的降雨和水资源在时空分布上很不均匀,水资源的严峻现实给我国水资源的安全带来了巨大挑战。水资源空间分布不均匀,水资源分布与人口、耕地、产业分布在地区上的组合不相匹配。我国北方地区人多、地多、国民经济相对发达而水资源短缺,南方大部分地区人多、地少、经济发达、水资源相对丰富的地区,这种组合使得水资源的供需矛盾十分突出;同时水环境不断恶化,水资源问题成为社会经济发展的重要制约因素。目前,水资源匮乏及污染加剧成为制约我国城市及工农业发展的主要因素。

1)水资源供需矛盾突出

随着经济社会的发展,水资源的供需矛盾日益突出。例如,农业方面,灌溉保证率低,不能满足干旱年份的灌溉要求,每年因缺水不得不缩小灌溉面积及灌溉次数,造成粮食减产、北方和西北地区牲畜得不到饮水保障。河川径流利用程度各流域很不平衡,北方少水地区开发利用程度较高,南方则较低。要满足各用水部门的要求,需增建供水工程设施的供水能力,任务十分艰巨。对于缺水严重的地区:辽河中下游、京津唐地区、黄河中下游地区等,如果不采取相应重大措施,缺水问题将涉及我国50%地区,其中城市和工业集中地区更加严重。近年来不少城市已出现供水紧张情况,每年高峰供水季节,部分楼房发生水压不足或不能供水;有些工厂由于水源不足,产量受到影响、产品质量下降。总之,供需矛盾将成为社会经济发展的制约因素。

2)旱涝灾害频繁

由于我国水资源时空分布不均,水旱灾害频繁,给工农业生产及整个国民经济带来严重损失。例如,1998年长江、嫩江、松花江发生历史上特大洪涝灾害,造成经济损失2 551亿元。我国农业受灾面积2 000万公顷,年均损失粮食400亿千克,近年来我国干旱频率高、面积广、范围大及损失严重。

3)水资源污染和浪费严重

长期以来,我国粗放式的经济增长方式使企业生产经营缺乏节能降耗的动力,企业单纯追求经济效益。企业生产过程中,水资源利用率低,浪费严重,污水任意排放,污染附近河流。全国灌溉水有效利用系数仅为 0.45 左右。一些水资源紧缺的地区盲目发展高耗水、高污染产业,大部分地区农业生产仍然采取传统漫灌方式。在部分流域和地区水污染已呈现出从支流向干流延伸,从农村向城市蔓延,从地表向地下渗透,从陆地向海域发展的趋势。

4)水资源开发利用程度不均衡

我国水资源开发利用平均程度接近 25%,从全国而言,不完全一样,南方水量丰富,利用程度低,而北方利用程度高。据 1999 年中国统计成果,地表水资源利用率,松辽河片为 24%,黄河片为 76%,淮河为 78%,长江为 15%,内陆河为 34%。总之,我国水资源开发利用程度地区分布不均,北高南低,且随气候和人类活动而变化,干旱年高,丰水年低。

5)水土流失严重,生态环境恶化

水土流失是我国土地资源遭到破坏最常见的自然灾害。由于自然条件的限制和长期的人类活动,中国森林覆盖率只有 21.63%,水土流失严重,全国水土流失面积约为 150 万平方千米,约占国土面积 16%,每年流失泥沙 50 亿吨,相当于全世界的 8%,在水土流失地区,地面被切割的支离破碎,沟壑纵横,许多河流的含沙量增大,泥沙流失还将导致江河湖库淤积,河床抬高,湖库容积减少,水环境恶化,防洪能力削弱。

1.3　我国水资源问题解决对策

对于上述我国水资源面临的问题,除了常规的节约用水、开源节流、水污染防治与控制、加强水资源的统一规划与管理、水土保持和生态恢复以外,还应切实发挥水库的调控能力。

实行水库供水优化调度可提高水库的经济管理水平,水库供水优化调度是挖掘水库潜力的有效手段。目前,我国对水库群的发电优化调度研究较多,而对水库供水调度的研究相对较少,尤其是水库群联合实时供水调度的研究有待于进一步加强与完善,以便能更好地指导水库实际运行。通过本书的计算,使供水区缺水破坏过程趋于均匀,降低缺水的破坏深度,便于供水系统在供水遭到破坏的情况下采取补救措施,提高供水可靠性和效益。同时,对供水预警系统的分析,计算水库供水预警指标,从而确定水库供水调度的风险程度及供水区不同缺水程度时采取相应的应变措施,实现水库群供水调度的实施滚动修正,并制定出不同风险偏好下的最佳供水调度策略。

水库群联合供水调度受到诸多因素和条件制约,是一项非工程措施的系统工程。目前,对水库供水调度并不像水库的洪水调度发展到可以根据水情、雨情,甚至于云情作决策,由于中远期气候及气象的预测的不确定性,只能根据实时缺水程度及当时各水库蓄水量情况、气象径流条件统筹考虑、合理调度。目前,水库优化调度主要在研究发电调度上,供水调度虽然也有了一定的研究,但仅限于两库供水联合调度,尤其是三个或三个以上水库组成的库群及其联合实时供水调度,没有建立统一的联合调度计算模型。本书研究水库群供水优化调度,将解决更为复杂的水库群供水关系及实时调度规则,使水库发挥更大的经济、社会和生态环境效益,并且对水库群实时供水调度的各环节提出许多需要解决的问题与挑战。

(1)水库群供水联合调度模型的复杂性以及求解困难。水库数量的增加、水文资料的原始信息具有很大的不确定性与随机性,使水库优化供水调度计算起来比较复杂,这就要求建立水库群的联合供水调度模型,并且要考虑由水文随机性带来的调度和求解风险性等,同时也要寻求能提高计算时间和计算精度的模型求解的新方法,这是多水库供水联合调度的新挑战。

(2)调度的实时性增强。变幻莫测的水库来水条件、供水区需水情况,要求供水调度不断根据实际情况和突发事件调整以及修正偏差、完善调度运行,提高不确定因素影响下符合实际水库运行的能力,这就要求供水调度能够合理协调中长期、短期及实时调度三者之间的关系。

(3)协调供水保证率和缺水破坏深度的关系。保证率的概念把"正常"与"破坏"视为绝对不相容的对立事件,不能反映破坏深度对系统的影响,故供水保证率和缺水破坏深度是一对矛盾体,如何协调两者之间的关系,达到最佳的经济效益,是本书考虑的另一个重点。

(4)调度约束条件和限制条件更为复杂。供水调度要增加相应约束,避免模型因仅考虑经济最优而产生用水集中于经济效益大的供水区域,从而在一定程度上满足区域协调发展。

(5)供水预警系统的研究。在实际供水调度中,水库来水及供水区用水存在很大的随机性,如何计算及应用预警指标,并且供水区在不同缺水程度下的预警灯号和相应的预警应变措施,同时需要对预警系统的风险和准确度进行分析,这是本书研究的又一个重点。

1.4 水资源优化配置与调度

通过各种工程与非工程措施,对水资源进行优化配置,达到水资源可持续利用和经济社会的可持续发展,同时对多种可利用水资源在区域间和各用水部门之间进行合理调配,实现有限水资源的经济、社会和生态环境综合效益最大。水资源优化配置是在水资源开发利用过程中,对洪涝灾害、干旱缺水、水环境恶化、水土流失等问题的解决实行统筹规划、综合治理,实现除害兴利结合,防洪抗旱并举,开源节流并重;同时,水资源优化配置包括取水方面的优化配置、用水方面的优化配置,以及取水用水综合系统的水资源优化配置。取水方面是指地表水、地下水、污水等多水源间的优化配置。用水方面是指生态用水、生活用水、工业用水及农业用水间的优化配置。因此,水资源优化配置研究在解决我国水资源问题,实现水资源的可持续利用等方面均占有重要的地位,对促进经济社会的可持续发展具有重要理论和实际意义。

供需分析是水资源优化配置的基础工作之一,区域水资源优化配置以行政区或经济区为研究对象。但区域水资源系统复杂,影响因素很多,各用水部门矛盾突出,在可供水量和需水量确定的条件下,建立区域有限的水资源量在各分区和用水部门间的优化配置模型,得到水量优化配置方案。对于跨流域水资源优化配置,需要通过水库的联合供水调度以及不同供水区各用水部门的协调,最终提高水资源利用率及降低缺水损失。

水库优化调度的概念最早由 Mases 在 1946 年提出来的,贝尔曼在 1951 年创建了动态规划法,Little 将动态规划法在 1955 年应用到水库优化调度中(倪建军等,2004;Little,1995)。其中,《水资源大纲》的出版意味着优化调度的开始;Zadeh 在 1965 年将模糊数学(王利,2006)应用在水库优化调度中,1970 年建立了一种新的水库优化调度方法——模糊动态规划法,同时,对水库的风险进行了研究(李会安,2000)。Philbriek 和 Kitanidis(1999)对确定性优化调度进行了研究,神经网络和动态规划法被 Chandramouli 和 Raman(2001)进行了研究,Teegavarapu 和 Simonovic(2002)将模拟退火法应用于水库优化调度中。在 20 世纪 70 年代,水库调度主要对模型和算法进行改进,到 80 年代以后,很多专家学者都注重研究水库调度理论、模型和算法,与实际水库运行相结合,同时随着计算机技术的发展,应用调度软件对水库调度进行计算和求解,使理论和实际有了更紧密的联系。

我国的水库群优化调度起步相对晚一些,在 20 世纪 60 年代提出了水库调度的逐步优化算法,其中对于马氏决策规划模型是在 1963 年提出的,对于水库联合优化调度较深入的研究开始于 20 世纪 80 年代。1981 年,大系统分解—协调理论被提出来(张勇传,1981);1982 年,偏离损失系数法被熊斯毅和邮凤山(1985)应用于水库联合调度中,并将这一理论模型应用于拓溪-风滩水电站水库群中;同年,关于将水库群年最优调度的动态分析方法应用于并联水库群中,在解决闽北的水库群联合调度中的到应用(叶秉如,1985);两库轮流寻优法被黄守信等(1985)提出来解决单库的调度;1988 年叶秉如等提出空间分析算法,并且把空间分析算法和动态规划算法应用在红水河流域的水库群联合调度中,并取得了较好的调度效果(叶秉如,1998);同时,动态大系统递阶分析分解聚合算法被冯尚友等提出来,并应用于丹江口水库中,解决水库的多目标优化问题(胡振鹏和冯尚友,1988),多阶段逐次优化算法在解决水库群防洪问题上,在 1991 年被吴保生等提出来;水库群防洪调度逐次优化方法在 1994 年被都金康等提出来,成功地解决了逐次优化算法寻优慢的问题;水电站水库群模糊优化调度模型被陈守煌、王本德等提出来,且将其应用在丰满—白山水库群调度中;人工神经网络模型被张翔(1996)提出来应用于水库群的调度中;遗传算法被马光文等(1996)提出来,并应用在水库群联合调度中。这些大多都是通过建立优化模型来求解,其优化的目标函数也主要有两类:一是以库群多年电能最大为目标;二是以系统年费用最小为目标,模型既有确定性的,也有随机型的。随着研究的不断深入,研究的目标逐渐由单目标扩展到多目标,研究对象由单库扩大到多库乃至整个流域或系统的库群,其模型也由单一模型发展到组合模型。近年来,又把系统辨识思想运用到水库调度研究中,将随机动态规划与常规调度方法有机结合,为水库调度研究提供了一个新的理论框架(周晓阳,2000)。纵观水库优化调度研究历史,在早、中期主要是针对模型与算法,侧重于调度理论研究。近十多年来,随着理论研究的日渐成熟和完善,水库优化调度研究也更注重于与生产实际相结合,注重研究成果向生产的转化,以弥补理论研究与实际应用的"鸿沟"。许多研究人员结合生产需要和具体问题,研究探讨适合某一具体河流或区域、简便实用并被生产管理者所接受的水库调度模型及应用方法。2007 年,王德智设计了基于种群进化的混合智能算法。并应用模糊集来描述水库入流的不确定性和目标函数的模糊性。根据模糊决策、模糊极值和模糊线性规划基本原理对供水库群建立了相应的模糊规划模型。2004 年,张双虎在研究叶尔羌河这一条件复杂、多目标、多工程、多水源的水资源系统中,在水库群优化调度理论分析基础上,着重研究水库的规划调度,对促进水库优化调度与生产实际的紧密结合,具有重要的理论意义和应用价值。2005 年,张芳研究确定最优引水量和各电站的优化调度方案,根据跨流域引水水电站水库系统的工程特性,建立水库系统优化调度数学模型,确定最优引水量和水电站水库最优调度方案。2007 年,王小艳建立了水资源紧缺地区水库优化调度模型,以供水、环境等为调度目标,综合利用效益最佳为评价标准,对水库群多目标进行优化调度和计算。

由国内外水库优化调度的研究历史来看,水库群优化调度主要集中在模型和算法的研究上(王德智等,2007;王小林等,2009),将理论研究与生产实际结合起来的并不多见,且研究对象大都是单一电站以及发电调度上,对有两个以上调节性能较好的水库组成的梯级水库群的优化调度,并以供水为目标的水库群优化调度,目前研究得并不多。水库优化调度中最有现实意义的是水库实时调度(Huang and Yang,1999;竹磊磊,2006),如果水库群实时供水调度规则能够切实可行地指导水库的实施调度过程,水库可以取得比常规调度更大的经济效益。纵观国内外对水库群实时供水优化调度的研究比较少,特别是能将水库优化调度理论应用到水库实际的运行则更少,本书将弥补调度理论和实践之间"鸿沟",充分考虑供水调度的实时性和不确定性,既分析面临时刻径流变化,又要顾及未来时刻的变化规律,使供水优化调度的计算成果真正指导水库实时供水运行。

水库优化调度中最具有现实意义的是水库实时调度,面对不确定性水文条件的变化,研究基于风险评估的供水系统预警决策支持系统具有实际操作的现实意义,其优化调度决策支持系统、风险分析及预警系统的研究情况如下。

Huang和Yang(1999)建立水库调度的决策支持系统,用于指导水库进行实时调度问题,仿真结果表明,该系统对于水库的长期运行有一定的指导意义;宋松柏等(2002)以石头河水库为例,应用决策支持系统原理,阐述了综合利用水库优化调度决策支持系统设计的原理和方法;陶涛和刘遂庆(2005)针对水库调度过程中的风险问题,引入了供水水库调度的优化模拟风险管理模式,模拟水库调度过程中存在的风险,并通过模拟与优化的反馈机制,建立了供水水库优化模拟风险调度的总体模式;顾文权等(2008),对自优化模拟技术的水库供水风险分析方法进行研究,以南水北调中线水源地丹江口水库为例对模型进行应用;Hou等(2014)研究了一个实时的动态的突发性水污染的预警模型,基于蒙特卡罗模拟的河流污染事故的风险模型形式,用层次分析法评价水污染的风险水平,并提出风险矩阵方法。

关于预警方面,研究成果主要集中于水环境污染及洪水预警机制,李志勤(2006)研究水库中污染物分运行规律,对紫坪铺水库三维水质进行了预警系统分析;Huang和Hsieh(2010)对台风期间水库实时洪水预警模型进行研究,应用遗传算法对洪水调度过程线进行求解,指导水库实时运行;袁永玲等(2012)对水库防汛预警系统的管理模式进行研究,为防洪抗灾、预报调度、预警和应急抢险提供的管理模式;曹升乐等(2013)基于"3条红线"中的用水总量控制红线,提出了点预警与过程预警的概念,给出了中型水库预警的定量确定办法;Zhang等(2014)从地理、气候学角度研究了中国西北玉米干旱的预警灾害,建立了干旱灾害风险预警模型,采用最优分割法确定预警等级,预警干旱灾害的玉米生长阶段的表现程度。

大规模水库群供水优化调度的风险因素众多,既有来水与用水的不确定性,还有多水源水库、受水水库在调度时间与调水量等决策的不确定性,作为一个高维、复杂的水资源配置系统,在众多不确定性因素的合力作用下,置调度决策者于各种风险之中,如何对风险因素进行描述、分析,明晰各个因素之间的内在联系,规避水库群供水调度决策风险,提高理论成果的应用性,是该领域的一个发展趋势,应进行深入研究。

参 考 文 献

蔡守华,沙鲁生,朱德伦.1999.小型水库实时兴利调度方法.水利水电技术,30(9):63-34.

曹升乐,郭晓娜,于翠松,等.2013.水库供水过程预警方法研究.中国农村水利水电,20(9):56-59.

陈洋波,曾碧球.2004.水库供水发电多目标优化调度模型及应用研究.人民长江,35(4):11-14.

都金康,周广安.1995.水库群防洪调度的逐次优化方法.水科学进展,10(5):134-141.

方红远,甘升伟,刘彦朵,等.2007.多水库供水系统干旱期合理运行策略研究.人民长江,38(8):5-8.

冯皓,佟建军.2005.大连市多水库联合调度供水探讨.东北水利水电,23(256):21-23.

顾文权,邵东国,黄显峰,等.2008.基于自优化模拟技术的水库供水风险分析方法及应用.水利学报,39(7):788-793.

贺新春,李杰,庞立新.2008.多水库联合兴利调节计算方法与模型研究.广东水利水电,14(2):1-3,10.

胡振鹏,冯尚友.1988.大系统多目标递阶分析的"分解-聚合"方法.系统工程学报,21(1):41-48.

黄守信,方淑秀,林耕,等.1985.两个无水力联系水库的优化调度.长沙:湖南科学技术出版社.

李梅,刘俊萍,黄强,等.2007.水库实时优化调度余留库容的云决策方法研究.西北农林科技大学学报:自然科学版,35(3):238-244.

李会安.2000.黄河干流水电站水库群水量实施调度及风险研究.西安:西安理工大学:5-7.

李志勤.2006.紫坪铺水库三维水质预警系统.西南科技大学学报,21(2):69-72.

刘卫林,董增川,王德智.2007.混合智能算法及其在供水水库群优化调度中的应用.水利学报,38(12):1437-1443.

马光文,王黎,Walters G A.1996.水电站群优化调度的 FP 遗传算法.水力发电学报(4):21-28.

倪建军,徐立中,李臣明,等.2004.水库调度决策研究综述.水利水电科技进展(6):63-64.

宋松柏,冯国章,王双银,等.2002.综合利用水库优化调度决策支持系统.水科学进展,13(3):358-362.

陶涛,刘遂庆.2005.供水水库优化模拟风险调度模式的研究.水利水电技术,36(11):8-11.

王利.2006.三门峡水库多目标优化调度研究.南京:河海大学.

王德智.2007.供水库群优化调度的计算智能方法及应用研究.南京:河海大学.

王德智,董增川,丁胜祥.2006a.供水库群的聚合分解协调模型.河海大学学报:自然科学版,34(6):622-626.

王德智,董增川,丁胜祥.2006b.基于连续蚁群算法的供水水库优化调度.水电能源科学,24(2):76-79.

王德智,董增川,童芳.2007.基于 RAGA 的供水库群水资源配置模型研究.水科学进展,18(4):

586-590.

王小林,成金华,尹正杰,等.2009.人工免疫识别系统提取水库供水调度规则的性能分析.系统工程理论与实践,29(10):129-137.

王小艳.2007.水资源紧缺地区水库优化调度方案研究.南京:河海大学.

吴保生,陈惠源.1991.多库防洪系统优化调度的一种解算方法.水利学报,12(11):35-40.

熊斯毅,邮凤山.1985.湖南柘、马、双、凤水库群联合优化调度.长沙:湖南科学技术出版社.

徐瑞华.2007.水库兴利调节输入模型及计算方法研究.大连:大连理工大学.

徐先进,石鹏.2007.毕节市白甫河流域水库群联合调度供水研究.人民珠江(4):85-87,90.

姚荣,唐德善.2003.应用模糊模式识别交叉迭代模型优选水库兴利调度决策方案.水利水运工程学报(3):55-58.

叶秉如.1985.水电站库群的年最优调度.长沙:湖南科学技术出版社.

叶秉如.1998.红水河梯级优化调度的多层动态规划和空间分解算法.南京:河海大学.

尹正杰,胡铁松,崔远来,等.2005.水库多目标供水调度规则研究.水科学进展,16(6):875-880.

尹正杰,王小林,胡铁松,等.2006.基于数据挖掘的水库供水调度规则提取.系统工程理论与实践(8):129-135.

袁永玲,郑福寿,刘国华.2012.水库防汛预警系统管理模式.科技传播(11):70-72.

张芳.2005.跨流域引水水电站水库系统优化调度研究.南京:河海大学.

张翔.1996.水文水资源神经网络模型的研究.水文科技信息(2):51-54.

张庆华,颜宏亮,宋学东,等.2006.多水库联合供水的优化调度方法.人民长江.37(2):30-32.

张双虎.2004.叶尔羌河流域水库群联合调度研究.西安:西安理工大学.

张勇传,李福生,熊斯毅,等.1981.水电站水库群优化调度方法的研究.水力发电(11):48-52.

周杰清.2007.多库联合调度供水的优越性分析.水电站设计,23(1):55-57.

周晓阳,张勇传,马寅午.2000.水库系统的辨识型优化调度方法.水力发电学报,14(2):15-19.

周玉琴,王丽萍,张保生,等.2005.深圳市东部水库群联合供水调度模型探讨.水电能源科学,23(2):25-29.

竹磊磊.2006.综合利用水库实时兴利优化调度研究.郑州:郑州大学.

Chandramouli V, Raman H. 2001. Multireservoir modeling with dynamic programming and neural networks. Journal of Water Resources Planning and Management,127(2):89-98.

Chandramouli V, Paresh D. 2005. Neural network based decision support model for optimal reservoir operation. Water Resource Management,19(4):447-464.

Hou D B,Ge X F,Huang P J,et al. 2014. A real-time,dynamic early-warning model based on uncertainty analysis and risk assessment for sudden water pollution accidents. Environmental Science and Pollution Research(5):1-15.

Huang W C, Hsieh C L. 2010. Real-time reservoir flood operation during typhoon attacks. Water Resources Research,46(10):1-11.

Huang W Z,Yang F T. 1999. Handy decision support system for reservoir operation in Taiwan. Journal of the American Water resources Association,35(5):1101-1112.

Little J D C. 1955. The use of storage water in a hydroelectric system. Operations Research(3):187-197.

Philbrick C R, Kitanidis P K. 1999. Limitations of deterministic optimization applied to reservoir operations. Journal of Water Resources Planning and Management,125(3):135-142.

Tatano H,Ruszczynski A. 1998. Distributed optimization model for designing integrated operation policies of A multi-reservoir system. Proceeding of the IEEE International Conference on Systems, Man and Cybernetics,5:4848-4853.

Teegavarapu R S V, Simonovic S P. 2002. Optimal operation of reservoir systems using simulated annealing. Water Resources Management,16(5):401-428.

Turgeon A. 2005. Daily operation of reservoir subject to yearly probabilistic constraints. Water Resources Planning and Management,131(5):342-350.

Yang X L, Parent E. 1995. Comparison of real-time reservoir-operation techniques. Journal of Water Resources Planning and Management,121(5):345-351.

Zhang Q, Zhang J Q, Wang C Y, et al. 2014. Risk early warning of maize drought disaster in Northwestern Liaoning Province, China. Natural Hazards,72(2):701-710.

第2章 滦河流域概况及供水区基本情况

简单介绍滦河流域的自然地理情况和水文气象情况，以及引滦工程六水库包括潘家口水库、大黑汀水库、于桥水库、邱庄水库、陡河水库、桃林口水库的地理位置、主要工程特性指标等情况；同时对供水区唐山、天津、秦皇岛的生活和工业供需水情势进行分析，为水库群供水优化调度打下基础。

2.1 流域概况

2.1.1 自然地理情况

滦河发源于河北省丰宁县巴颜图古尔山（邱林等，2009），流经河北省、内蒙古自治区、辽宁省的 27 个市、县、区，于河北省乐亭县兜网铺注入渤海，全长 888 km，流域面积 44 600 km²，其中山区占 98%，平原占 2%。滦河流域位于华北平原东北部，北部以苏克斜鲁山、七老图山、努鲁尔虎山及松岭为界，与西拉木伦河、老哈河、大凌河、小凌河、洋河相邻，西南以燕山山脉为界，与潮白河、蓟运河相邻，南临渤海。流域自西北至东南长 435 km，平均宽度 103 km，流域地势平坦，植被较好。

滦河自坝上高原汇集燕山、七老图山、阴山东端水流，支流众多,水量丰沛。沿途汇入的常年有水支流约 500 条,其中河长 20 km 以上的一级支流 33 条,总长 2 402 km。二、三级支流 48 条,总长 1 522 km。在一级支流中,流域面积大于 1 000 km² 的河流有 10 条,分别是闪电河、小滦河、兴洲河、伊逊河、武烈河、老牛河、柳河、瀑河、洒河和青龙河。其中小滦河、伊逊河、洒河和青龙河水量最大。

小滦河为滦河上游主要支流,发源于塞罕坝上老岭西麓,河长 133 km,流域面积 2 050 km²,河道坡降 3.47%。小滦河上源名撅尾巴河,从老岭西麓自东向西流,谷宽 200～400 m,至二间房分成股水流,至大脑袋山合成一流,河谷展宽,两岸谷坡平缓,河宽 3 m,水深约 0.3 m,砂质河床,南流约 3 km 折向西,与东来的双岔子河汇合后始称小滦河。小滦河向西南流,过御道口牧场后河谷展宽,汇入红泉河、如意河,在御道口以北纳双子河、卧牛磐河后流出坝上高原进入山区,两岸地势高耸,谷宽 300～500 m,河宽约 10 m,水深 0.5 m,至下洼子向东南流,谷宽一般 300 m,河宽约 15 m,水深 0.7～1.0 m。在三道营以下流向西南又折向东南,于隆化县郭家屯汇入滦河。

伊逊河发源于河北省围场县哈里哈老岭山麓,河长 203 km,流域面积 6 750 km²,河道坡降 6.8%。伊逊河上源翠花宫沟,南流先后自右岸纳小支流及大翠花宫沟,河谷宽 200～400 m,向东南流 4.7 km 纳三通窝沟,经小南沟东纳母子沟后,始称伊逊河。伊逊河东南流,先后有前莫里莫沟、大扣花营沟、五道川、甘沟等注入,至头号纳大唤起河,在小锥子山折向东南,纳直字河,至围场县南左纳湖泅汰沟,右纳吉布汰沟,流至小簸箕掌纳银镇河,南行流入庙宫水库,出库后南流至罗鼓营南左纳榆树林沟,右汇通事营河,向南流经大阴峡谷后折向东南,进入隆化盆地,在闹海附近伊逊河最大支流蚁蚂吐河自西北注入,河流量大增,超梁沟以下河谷变窄,流向受地质构造影响,迂回多变,至杨树沟门以下,河谷展宽,有岔流,至河台子村以南河谷狭窄,流至四泉庄河河谷渐展,水较深,流较急,西南流至滦河镇逆滦河流向汇入滦河。

洒河发源于兴隆县章帽子山东八品沟,河流流向为自西向东,河流长 89 km,河面平均宽度 50 m,沿途流经石庙子、半壁山、蓝旗营,并于老龙井关在穿越长城后流入唐山市境内。洒河汇入大黑汀水库于洒河桥以下。该河道比较弯曲,并有很多险滩,由于在该区域中处于暴雨中心,因而水资源量比较丰富,是滦河的主要支流之一。洒河的多年平均径流量为 35 000×10⁴ m³,多发生洪水,从 1883 年以来,洒河汉儿庄站洪峰超过 2 000 m³/s 的洪水有四次,最大的一次为 1894 年,其中洪峰流量达到了 9 780 m³/s,所以该河流的洪峰模数均大于流域内其他河流。

滦河流域的另外一个主要支流为青龙河,在滦河流域内水量最大,占到滦河流域总径流量的五分之一有余。青龙河全长 246 km,控制流域面积为 6 340 km², 径流主要以降雨为主,多年平均降雨量为 701 mm,年均径流量为 96 000×10⁴ m³。青龙河有两个源头,称为南源头和北源头,其中南源头位于河北省平泉县古山子乡,北源头位于东北辽宁省的抬头山乡五道梁子。两个源头在唐山市境内的滦县石梯子流入了滦河。青龙河流域受东亚季风型气候,冬季常常比较干燥、寒冷,夏季比较湿热,雨水较多,也是滦河流域内的主要暴雨区之一,从 20 世纪 30 年代以来,桃林口水文站共发生了 5 次大洪水,洪峰流量均超过了 6 000 m³/s。青龙河支流比较多,支流中全长超过 100 km 共有六条,这些支流由于受到夏季雨水的影响,具有暴涨暴落的特点。

2.1.2　水文气象情况

　　滦河水量较丰沛,但是降水的年际变化较大,最枯年降水量是最丰年降水量的 28%～58%,同时降水的季节分配很不均匀,夏季降雨占全年的 67%～76%。其中在 7 月、8 月降雨较为集中,占全年降水量的 50%～65%。滦县站多年平均径流量为 46.94×10⁸ m³,潘家口站为 24.5×10⁸ m³。由于降水集中,径流量年内变化很大。汛期 7 月、8 月份来水量较多,占年总量的一半以上;枯季 1 月、2 月份来水最少,两月水量之和不足全年的十分之一。

　　潘家口和大黑汀水库均于 20 世纪 80 年代开始蓄水,因此,水文系列分别以 1980 年为界分为了两个系列。滦河潘家口站水文系列为 1930～1979 年和 1980～1998 年,两个系列中年均径流量分别为 18.42×10⁸ m³ 和 18.04×10⁸ m³,最大值分别为 1959 年的 71.37×10⁸ m³ 和 1996 年的 28.58×10⁸ m³,最小值分别为 1972 年的 9.64×10⁸ m³ 和 1981 年的 6.91×10⁸ m³。

　　青龙河桃林口站水文系列为 1959～1997 年,沙河冷口站水文系列为 1959～1997 年,前者由于受水库蓄水的影响,径流量有所减少,年均径流量为 76 820×10⁴ m³,后者年均径流量为 11 130×10⁴ m³。滦河流域出口控制站滦县在 1930～1979 年系列中,年均径流量为 474 600×10⁴ m³,其中最大值为 1959 年的 1 278 000×10⁴ m³,最小值为 1936 年的 160 500×10⁴ m³;在 1980～1997 年系列中,由于受到水库蓄水的影响,年均径流量大幅减少,减少至 246 000×10⁴ m³,其中最大值为 1 591 000×10⁴ m³,最小值为 1982 年的 86 700×10⁴ m³。

　　滦河流域 4 月到 10 月份的暴雨一般会形成洪水,其中 7 月份和 8 月份的会有大暴雨情况出现,7 月下旬到 8 月上旬通常会出现最大的洪峰流量。一般情况下,一次洪水可历时 3～6 天,由于受该区域气候的影响,流域内暴雨的特点为强度大、历时短,而且由于该区域地形地面坡度较大,因此汇流时间短,所形成的洪峰偏高,洪水过程线具有偏瘦、偏高的特征。

由于滦河流域暴雨中心较多,洪涝灾害频繁。在潘家口建库之前,1962年滦县站的洪峰流量达到了 34 000 m³/s,在 1959 年该站的最大 30 日洪量达到了 718 800×10⁴ m³。即使 1980 年在流域上游修建了潘家口、大黑汀两座水库进行洪水调节,但在 1994 年该站的洪峰流量也达到了 9 200 m³/s。但是最大 30 日洪量的洪水在年际间变化比较大,最大值为 326 200×10⁴ m³,最小值为枯水年 1992 年,其洪水峰值只有 159 m³/s,而在建库之前,枯水年 1968年,其洪水峰值为 407 m³/s。

2.2　引滦工程简介

引滦工程是集城市生活用水、工业供水、农业灌溉、发电、防洪、水环境保护与水生态修复为主的综合性大型水利工程群。主要包括引滦枢纽工程、引滦入津工程、引滦入唐工程、桃林口水库工程和引青济秦工程,主要任务是向天津、唐山、秦皇岛三市城市生活、工业供水,以及向滦河下游农业供水。工程示意图见图 2-1。

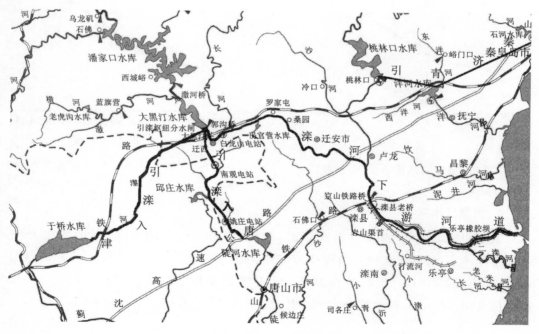

图 2-1　引滦工程示意图

2.2.1　引滦枢纽工程

引滦枢纽工程由潘家口水库、大黑汀水库和引滦枢纽闸三部分组成,其主要任务是向天津、唐山两市城市生活、工业供水,滦河下游农业灌溉用水,华北电网调峰及事故备用发电,滦河下游防洪及天津、唐山两市环境生态用水。

1. 潘家口水库

潘家口水库占全流域面积的 75%,其控制滦河流域面积为 33 700 km²,控制全流域水量一半以上。位于滦河中游,它是整个引滦工程的龙头,拦蓄滦河上游来水。其主要作用是供水,同时兼顾防洪、发电,为多年不完全调节水库。总库容 29.3×10⁸ m³,兴利库容 19.50×10⁸ m³,正常蓄水位 222.00 m,汛限水位 216.00 m,死水位 180.00 m。坝址以上年均径流量为 245 000×10⁴ m³,占全流域年均径流量的一半有余。潘家口水库水位-面积、水位-库容关系如图 2-2 和图 2-3 所示。

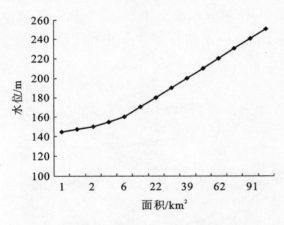

图 2-2　潘家口水库水位-面积关系

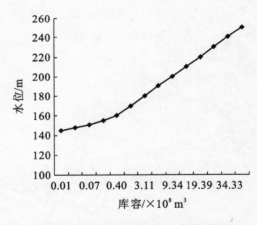

图 2-3　潘家口水库水位-库容关系

2. 大黑汀水库

大黑汀水库位于潘家口水库下游,相距 30 km,水库向天津、唐山两市及滦河下游供水。大黑汀水利枢纽控制流域面积 35 300 km²。总库容为 3.37×10⁸ m³,有效库容 2.24×10⁸ m³。最高蓄水位、正常蓄水位、汛限水位均为 133.00 m,死水位 121.50 m。其水库水位-面积、水位-库容关系如图 2-4 和图 2-5 所示。

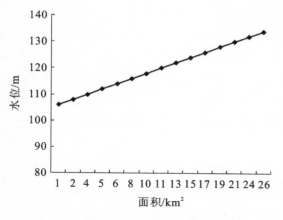

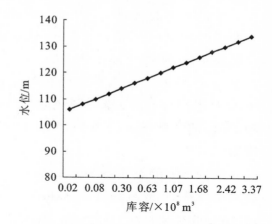

图 2-4　大黑汀水库水位-面积关系曲线　　　　图 2-5　大黑汀水库水位-库容关系曲线

大黑汀水库大坝以上控制流域面积为 3.53 万 km²,该水库与潘家口的区间流域面积为 1 600 km²。大黑汀水库的总库容为 33 700×10⁴ m³,其中兴利库容为 22 400×10⁴ m³,该水库调节性能为年调节。其防洪标准为百年一遇,校核洪水为千年一遇。大黑汀水库大坝为二级水工建筑物,主坝坝顶长 1.3 km,坝高最大值为 52.8 m,分为了 82 个坝段,其中在大坝中部有溢洪道 28 孔,采用弧形闸门控制,闸门尺寸为 15 m×12.1 m,整个溢洪道的最大泄流量为 60 750 m³/s。同时在溢洪道右侧设有 8 个底孔,孔口尺寸为 5 m×10 m,采用平板钢闸门控制,闸门尺寸为 5.76 m×10.05 m。大黑汀水库属于潘家口水库的反调节水库,其入库水量有潘家口水库泄流量以及两个水库之间的区间来水量,主要作用为抬高流域引水水位,同时结合供水进行发电。

3. 引滦枢纽闸

引滦枢纽闸与大黑汀水库相接,位于其渠首电站下游的 500 m 处,主要用于控制调节引滦入津和入唐的流量。引滦枢纽闸右侧设有入津闸,设计流量 60 m³/s,引滦枢纽闸左侧设有入唐闸,设计流量 80 m³/s,引滦枢纽闸以下分别与引滦入津明渠和引滦入唐隧洞相接。

2.2.2　引滦入津工程

引滦入津工程由黎河段、于桥水库、州河段、引滦输水明渠和一系列泵站、暗渠组成,主要控制水库为于桥水库。

黎河段是引滦入津工程主要组成部分,输水段由迁西县、遵化市交界处的低山丘陵区至沙河、黎河汇流口,全长 57.60 km,最大输水流量为 60 m³/s。

　　于桥水库的流域面积为 2 060 km²，属于天津市一座最大的大型水库，位于蓟运河的州河上游出山口处，其中占州河流域的 96%，由于整个流域在燕山的迎水坡，所以气候比较湿润，其中在 7 月和 8 月常发生降雨，平均多年径流量为 5.06×10⁸ m³，平均多年降水量为 750 mm 左右。自 1983 年以来，于桥水库被作为引滦入津工程的调节水库，在引滦工程中的作用为：城市供水和防洪，同时将潘家口水库的部分来水存蓄在库中，通过专用输水渠道向天津提供供水。

　　于桥水库的总库容为 15.59×10⁸ m³，正常蓄水水位 21.16 m，正常蓄水位水位对应的表面积 86.8 km²，总库容 15.6×10⁸ m³，兴利库容 3.85×10⁸ m³，死库容 0.76×10⁸ m³。其水库水位-面积、水位-库容关系如图 2-6 和图 2-7 所示。

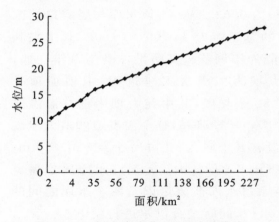 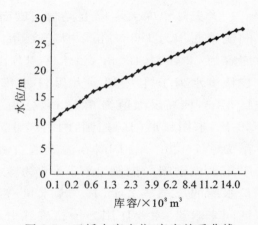

图 2-6　于桥水库水位-面积关系曲线　　　图 2-7　于桥水库水位-库容关系曲线

2.2.3　引滦入唐工程

　　引滦入唐工程由引滦入还输水工程、邱庄水库、引还入陡输水工程和陡河水库四部分组成。

1. 引滦入还输水工程

　　引滦入还输水工程是引滦入唐输水工程的上段部分。由大黑汀枢纽闸到邱庄水库，全长 25.80 km，输水工程设计引水流量 80 m³/s，校核流量 100 m³/s。

2. 邱庄水库

　　邱庄水库位于唐山市丰润区城区以北 20 km，还乡河出山口处，是蓟运河支流还乡河上的一座大型水库,也是引滦入唐沿线上的中间调节水库,控制流域面积 525 km²,多年平均径流量 1.09×10^8 m³。水库正常蓄水位 66.50 m,死水位 53.00 m,总库容 2.04×10^8 m³,兴利库容 0.65×10^8 m³。其水库水位-面积、水位-库容关系如图 2-8 和图 2-9 所示。主要任务是防洪、供水,同时调节引滦入唐供水。水库以上流域全部处在燕山山脉南麓迎风区,年降水量较丰富,多年平均降水量为 703 mm。流域内多年平均水面蒸发量约 1 000 mm,多年平均陆面蒸发量约 530 mm。

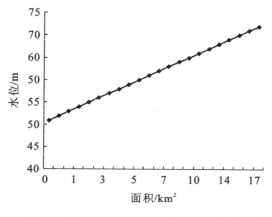

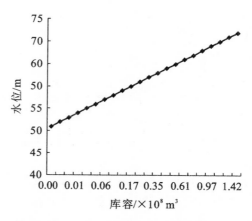

图 2-8　邱庄水库水位-面积关系　　　　图 2-9　邱庄水库水位-库容关系

3. 引还入陡输水工程

引还入陡输水工程是引滦入唐输水工程的下段部分,总长度 25.44 km。主要任务是将引滦入海的水量经邱庄水库调节后跨流域送到陡河水库。

4. 陡河水库

陡河水库主要以防洪为主,位于唐山市以北 15 km 的陡河上游,兼供唐山市区生活用水及工农业生产用水等的综合利用大型水利枢纽工程,引滦入唐工程修建后又是其入唐终端调节水库。陡河属季节性河流,介于滦河、蓟运河两水系之间,上游分为东西两支。东支为管河,发源于迁安县东蛇探峪村,河长 30.4 km,集水面积 286 km²,其中有分支龙湾河在宋家峪村汇入管河。西支为泉水河,河长 45 km,集水面积 244 km²,发源于丰润县上水路村东北,于丰润县火石营镇马家庄户村的腰带河汇入其中。两河在双桥村附近汇合,以下始称陡河。陡河穿过唐山市区,向南经侯边庄入丰南境内,于涧河注入渤海。全长 121.5 km,控制流域面积 530 km²,多年平均径流量 0.82×10^8 m³。水库正常蓄水位 34.00 m,死水位 28.00 m,总库容 5.152×10^8 m³,兴利库容

0.684×10⁸ m³。主要作用是调节引滦水量,供唐山城市生活、工业用水,曹妃甸工业区用水,下游农业用水及防洪,其水库水位-面积、水位-库容关系如图 2-10 和图 2-11 所示。

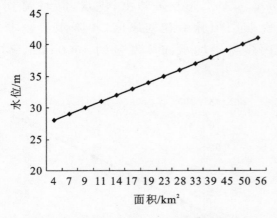 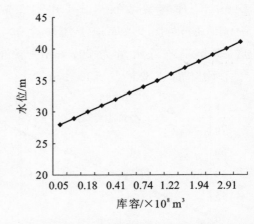

图 2-10　陡河水库水位-面积关系曲线　　　图 2-11　陡河水库水位-库容关系曲线

　　陡河流域下游地区靠近渤海,又受北部燕山山脉影响,每年夏秋季节常因台风形成暴雨,且有华北地区的气候特性,雨量大部分集中于汛期,而汛期又多集中于几次暴雨,极易发生春旱夏涝,且年际变化较大。据 1953～2001 年降水资料统计分析,陡河水库以上多年流域平均降水量为 678 mm,其中 6 月至 9 月汛期降雨量 560 mm,占年降水量的 84%,汛期最大降雨量1 046.7 mm(1964 年),最小 253.6 mm(1992 年)。

2.2.4　桃林口水库

　　桃林口水库以供水、灌溉为主,同时具有防洪和发电功能的大(Ⅱ)型水利枢纽工程,位于秦皇岛市滦河支流的青龙河上。桃林口水库的主要任务是向秦皇岛市提供生活、工业用水,以及向滦河下游农业供水。水库控制流域面积5 060 km²。水库正常高水位 143.40 m,汛限水位 143.40 m,死水位 104.00 m,设计洪水位 143.4 m,校核洪水位 144.32 m。总库容 8.59×10⁸ m³,兴利库容7.09×10⁸ m³,死库容 0.511×10⁸ m³,水电站装机容量 2 万千瓦。水库防洪标准为 100 年一遇洪水设计,1000 年一遇洪水校核。在实际运用中,桃林口水库要考虑丰水年的泄量较大,所以要将正常蓄水位降低一定程度,以利于错峰。其水库水位-面积、水位-库容关系如图 2-12 和图 2-13 所示。

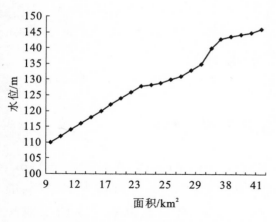

图 2-12 桃林口水库水位-面积关系曲线

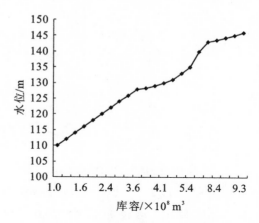

图 2-13 桃林口水库水位-库容关系曲线

2.2.5 各供水水库特性指标

引滦调水工程共包括六个水库,即潘家口水库、大黑汀水库、于桥水库、陡河水库、邱庄水库、桃林口水库,主要向天津市、唐山市、秦皇岛市以及滦河下游农业灌溉供水。基于此六个调水工程并结合供水区当地水资源供需情况,进行水库群供水优化调度研究。供水对象为城市生活用水和城市工业用水以及滦河下游农业灌溉。其各供水水库主要工程特性指标见表 2-1。

表 2-1 各供水水库主要工程特性指标

水库名称	潘家口水库	大黑汀水库	于桥水库	邱庄水库	陡河水库	桃林口水库
坝顶高程/m	230.50	138.80	27.38	77.00	44.00	146.50
最大坝高/m	107.50	52.80	22.63	28.00	25.00	74.50
校核洪水位/m	227.00	133.70	27.72	72.90	43.40	144.32
设计洪水位/m	224.50	133.00	25.62	68.80	40.30	143.40
总库容/$\times 10^8$ m³	29.30	4.73	15.59	2.04	5.15	8.59
兴利库容/$\times 10^8$ m³	19.50	2.07	3.85	0.65	0.68	7.09
死水位/m	180.00	122.00	15.00	53.00	28.00	104.00
死库容/$\times 10^8$ m³	3.31	1.13	0.36	0.008	0.05	0.51
正常水位/m	222.00	133.00	21.16	66.50	34.00	143.00
相应库容/$\times 10^8$ m³	22.81	3.20	4.21	0.67	0.74	7.60
汛限水位/m	216.00	133.00	19.87	64.00	34.00	143.00
相应库容/$\times 10^8$ m³	19.50	3.20	2.98	0.43	0.74	7.60

2.3 供水区水资源供需情势

2.3.1 天津市水资源供需情况

天津市是中国四个直辖市之一,2007 年总人口约 1 100 万,总面积 11 350 km²,市中心区面积 315 km²。地处我国华北平原的东北部,海河流域下游,东临渤海,北依燕山,属暖温带半湿润大陆季风性气候,有明显由陆到海的过渡特点,四季明显,长短不一,降水不多,分配不均。天津市是环渤海经济开发区的重要组成部分,近年来得到了快速发展,特别是随着滨海新区晋身国家级开发区,未来的北方经济中心已略显雏形,但水资源的短缺严重制约了天津市社会经济的进一步发展。属严重缺水地区,水资源极其匮乏,当地水资源远远不能满足天津市社会经济的发展,大部分依赖外调水。目前,天津市城市生活及工业供水主要靠滦河水,地下水为辅。

2003 年全市总用水量 20.87×10⁸ m³(含海水直接利用替代淡水 0.34×10⁸ m³)。其中,生产用水 17.71×10⁸ m³,占总用水量的 84.86%;生活用水 2.86×10⁸ m³,占总用水量的 13.7%;生态用水 0.3×10⁸ m³,占总用水量的 1.44%。在生产用水中,第一产业用水 11.32×10⁸ m³,占生产用水量的 63.92%;第二产业用水 5.35×10⁸ m³,占生产用水量的 30.21%。第三产业用水 1.04×10⁸ m³。占生产用水量的 5.87%。在生活用水中,城镇生活用水 1.82×10⁸ m³,占生活用水量的 63.64%;农村生活用水 1.04×10⁸ m³,占生活用水量的 36.36%。农业和工业是主要的用水部门,城市生活用水也占有相当大的比例。2003 年全市人均综合用水量 207 m³/人,单位 GDP 用水量 88 m³/万元。

2.3.2 唐山市水资源供需状况

唐山市是华北地区沿海重工业城市,总面积 13 472 km²,2007 年总人口 704×10⁴ 人,地处环渤海湾中心地带,南临渤海,北依燕山,东与秦皇岛接壤,西与京、津毗邻,是连接华北、东北两大地区的咽喉要地和走廊。近年来,唐山市社会经济得到了长足的发展,特别是曹妃甸工业区的建设,为唐山市带来了前所未有的重大机遇。与天津市一样,唐山市同属于华北地区严重缺水城市之一。由于水资源短缺,唐山市多年来地下水严重超采,地面沉降成为主要地质灾害。为满足城市生活及工业用水及丰南农业用水的需求,唐山市主要依靠引滦入唐工程使用滦河水,部分使用地下水。滦下农业灌溉以潘家口、大黑汀水库供水为主,桃林口水库为辅助供水水源。引滦入唐工程是负责向唐山市引水的输水工程。引滦水自引滦分水枢纽闸起经渡槽跨越横河,通过还乡河经邱庄水库调蓄后,蜿蜒数十里注入陡河水库。工程由渡槽、隧洞、暗管、明渠及水库、电站、闸、涵等水工建筑物组成,全长 53 km。滦下农业引水分为两部分,一部分是自大黑汀水库经滦河河道向滦下农业灌溉供水,另一部分是自桃林口水库通过青龙河河道汇入滦河下游河道向滦下农业灌溉供水。

近年来随着国民经济的发展,唐山市的年用水量逐年增加。"九五"期间总用水量 166.9×10^8 m^3,平均年用水量 33.38×10^8 m^3,其中,平均生活年用水 1.342×10^8 m^3,年增速率 15%,由 1995 年的 0.95×10^8 m^3 增加到 2000 年的 3.66×10^8 m^3;平均工业年用水 4.77×10^8 m^3,由 1995 年的 4.65×10^8 m^3 增加到 2000 年的 4.89×10^8 m^3,年增速率 2.8%;农业平均年用水 27.60×10^8 m^3,"九五"期间年用水量 $31.66 \times 10^8 \sim 35.21 \times 10^8$ m^3。

2.3.3　秦皇岛市水资源供需状况

秦皇岛市是重要的旅游和港口城市,地处华北沿海地区水资源短缺限制了秦皇岛市可持续发展的潜力。秦皇岛市人口流动性较大,年内旅游期间与平时供水量差异悬殊,造成在供水高峰期城市自来水供给不足,制约了城市规模的扩大、经济的快速发展。秦皇岛市境内部分地区过量开采地下水,出现了 3 处较严重的地下水位降落漏斗区和 1 处海水入侵区,即昌黎县城、樊各庄、留守营漏斗区和枣园海水入侵区。地下水位漏斗区总面积为 6.54 km^2,海水入侵调查面积约 22 km^2。引滦入秦工程主要依靠桃林口水库通过引青济秦东西线对接工程引水。

秦皇岛市总面积 365 km^2。2003 年全市总人口 74.51×10^4 人,工业总产值 266.47×10^8 元。1999 年,全市总用水量为 11367×10^4 m^3,其中农业用水 650×10^4 m^3,城市区用水 10717×10^4 m^3。其中输水损失 644×10^4 m^3。工业用水量 5121.5×10^4 m^3,占总供水量 45.1%,生活用水 4419.3×10^4 m^3,占总用水量的 38.9%,用水人口 67.6 万人,人均用水 179.6 L/p.d.。工业与生活用水比为 $1.16 : 1$。城市区内,工业、生活用水占主导地位,环境用水呈增长趋势。

2.3.4　供水区地下水及非常规水情况

唐山市、天津市、秦皇岛市的地下水和非常规水情况如表 2-2 所示;超采地下水、水质恶化现象时有发生。其中天津市由于长期严重超采地下水,造成地面沉降严重、海水入侵等一系列生态危机,南水北调中线工程通水后,天津市地下水应主要供给城镇边缘地区居民生活及农业用水,禁止地下水用于城镇居民生活及工业用水。应将沿海地面沉降严重地区划定为地下水禁采区,北部山区划定为地下水限采区,严格控制地下水的开采量,保护地下水资源,改善地下水环境;唐山市由于长期以来水资源短缺,供需矛盾突出,一直严重超采地下水,在采用各种措施节约用水的同时,应合理控制地下水开采量,减少深层地下水开采量,积极推广污水再生利用技术,加大地下水资源回灌补给量,逐步实现地下水资源的采补平衡;秦皇岛市由于地下水开采量迅速增大,原有稳定、良性的地下水均衡被破坏,引起海水入侵、湿地减少等生态环境问题。为恢复地下水环境,应严格控制地下水开采量,促进地表水与地下水良性循环,改良恢复地下水环境,保障水资源循环利用。

表 2-2　供水区地下水和非常规水水源及可供水量情况　　单位:×10⁴ m³

城市	水源工程类型		不同频率各水平年可供水量			
			2010 水平年		2020 水平年	
			50%	75%	50%	75%
唐山市	地下水	浅层水	116 900	118 300	98 100	113 500
		深层水	12 200	13 200	10 300	11 700
	非常规水资源	再生水利用	32 500	32 500	45 700	45 700
		矿井疏干水	7 500	7 500	8 900	8 900
		城市集雨工程	400	400	800	800
		海水直接利用	1 200	1 200	7 900	7 900
		海水淡化	1 200	1 200	6 100	6 100
		微咸水	5 300	5 300	9 000	9 000
天津市	地下水	浅层水	5 700	5 700	5 700	5 700
	非常规水资源	再生水利用	68 500	68 500	9 700	9 700
		微咸水	6 000	6 000	8 000	8 000
		海水直接利用	4 300	4 300	6 400	6 400
		海水淡化	1 500	1 500	1 800	1 800

2.3.5 滦河流域供水调度中存在的问题

滦河径流年际、年内分配不均,具有连丰连枯的水文特性,年内大部分来水以洪水形式下泄难以利用。自 1999 年以来,滦河流域连续多年持续干旱少雨,潘家口水库平均年来水量仅为 7.43 亿 m^3,为多年平均年来水量的 30%。由于潘家口水库来水锐减,造成天津、唐山、秦皇岛市供水不足,先后四次实施引黄济津应急调水,五次动用潘家口水库死库容应急供水的窘迫局面。因此,如何充分地发挥滦河流域各水库供水调度的作用,一方面在保障水库安全的前提下尽可能减少下游洪灾损失,另一方面如何更有效地利用水资源以缓减本地区水资源的供需矛盾是一个有现实意义和理论意义的课题。

目前滦河流域水资源利用中急需解决的主要问题有以下几个。

(1)滦河流域水资源短缺,而且随着滦河流域受水城市的社会、经济发展,滦河流域水资源供需矛盾突出。为了能缓解滦河流域水危机,在节流的基础上,应重视开源措施。目前滦河利用地表水和地下水常规水源开发利用率已很高,而对雨洪资源等非常规水源的利用不足。有效地利用洪水资源是缓解本地区水资源短缺问题的途径之一。

(2)人类活动已严重地改变了滦河流域下垫面状况,明显地影响到流域径流的产流、汇流过程,按照传统的仅考虑自然因素的产、汇流机理对径流进行研究存在较大误差,应当充分考虑人类活动径流形成的影响。

(3)滦河流域水资源系统特点,一是工程众多;二是人类活动剧烈并已严重地改变天然原有的径流形成机制;三是水资源短缺、供需矛盾突出;四是水资源利用需兼顾的目标多,有防洪、供水、发电、生态恢复等。因此,传统的方法和技术手段难以对该系统进行有效的研究。为能更科学地对流域水资源进行合理配置、高效利用,既保障防洪安全,又充分利用水资源,必须借助现代分析计算方法和计算机技术才能实现。

针对滦河流域水资源系统特征,通过深入研究潘家口水库、大黑汀水库、桃林口水库、陡河水库、于桥水库和邱庄水库联合供水调度问题,结合供水区来水及需水特性,提出科学的水库群联合调度策略,最终实现缓解本地区水资源供需矛盾的目标。

参 考 文 献

邱林,马建琴,王文川,等.2009.滦河下游水库群联合调度研究.郑州:黄河水利出版社.
邱林,陈晓楠,王文川,等.2010.滦河流域水库群联合调度及三维仿真.北京:中国水利水电出版社.
谢华,黄介生.2008.两变量水文频率分布模型研究述评.水科学进展,19(3):443-452.

第3章 入库径流规律分析及区域水资源供需预测

引滦六水库中潘家口水库为整个引滦工程的源头,为多年调节水库。本章首先对潘家口来水规律、年型转移概率进行分析,了解潘家口水库径流年内、年际及丰枯变化,以便在适当的时机以适当的量向下游各水库调水以满足对天津、唐山、秦皇岛的供水。并在此基础上建立混合Copula函数分析潘家口、陡河、于桥水库以及潘家口、桃林口水库的丰枯补偿特性,通过水库间丰枯遭遇统计,表明水库群之间具有相互补偿能力,为引滦六水库联合供水调度打下基础。最后,对各水库的来水和供水区的需水量进行预测,以便合理地分配水资源。

3.1　潘家口水库来水规律分析

潘家口水库位于滦河中游,是整个引滦工程的源头,控制滦河流域面积33 700 km²,为全流域面积的75%,控制全流域水量的1/2以上,多年平均径流量24.5×10⁸ m³,占全流域多年平均径流量的53%。故潘家口水库的来水影响着其他水库的调水及供水区的供水,但潘家口水库为多年调节水库,其调水又不完全由来水决定,所以对其来水进行分析,主要找出来水的年内分配特点和年际丰枯变化规律,以指导水库群供水调度实施。

3.1.1　来水的年内分配特点分析

潘家口水库是唐山、天津城市生活、工业用水以及滦河下游农业用水的重要保障,适当的时间以适当的量向两地供水,既能有效地缓解供需矛盾保证供水安全又能充分利用水资源减少水库弃水,所以分析水库年内分配规律可为水库之间供水调度打下基础并提供重要依据。根据 1954 ~ 2000 年潘家口水库入库径流资料,分析多年平均径流年内分配情况,见表 3-1。

表 3-1　潘家口水库多年平均径流年内分配

季　　节	春			夏			秋			冬		
月　　份	3 月	4 月	5 月	6 月	7 月	8 月	9 月	10 月	11 月	12 月	1 月	2 月
各月平均流量 /(m^3/s)	30.5	41.6	24.2	49.2	189.5	239.1	103.7	63.3	39.7	21.0	15.0	15.6
各月来水比例 /%	3.66	5.00	2.91	5.91	22.77	28.73	12.46	7.61	4.77	2.52	1.80	1.87
各季来水比例 /%	11.57			57.41			24.84			6.18		

由表 3-1 可以看出以下几点。

(1) 7 月、8 月、9 月和 10 月的来水比例较大,占全年总来水的 70% 左右,尤其是 7 月、8 月来水比较集中,占全年总来水的 50% 左右。

(2) 由于冬季河流的结冰等现象,最小流量在 1 月和 2 月期间,其中 12 月 ~ 次年 2 月的来水量占年来水总量的 6.18%。

(3) 从 4 月以后气温会有所升高,所以流量将增大,3 ~ 5 月来水量占全年总量的 11.57%,这时节为农田春灌时期。

(4) 夏季和秋季降雨较多而且降水比较集中,其中 6 ~ 11 月来水量占全年总量的 82.25%,从 11 月开始流量将逐渐减小。

从全年降水情况看,年内最丰的三个月与最枯的三个月降水比值达到 9:1。年内分配不均匀造成了丰水期防汛,枯水期抗旱的局面,给生活和工农业生产带来了很大的不利,因此需要通过水库调节对供水区及滦河下游农业灌溉进行有计划的供水,提高水资源利用率的同时减少弃水。

3.1.2 　径流的年际变化

1. 年际变化

变差系数 C_v 或者年极值比（最大与最小的年流量比值）通常可以表示径流年际变化，其中变差系数 C_v 表示某个流域径流的相对变化程度，如果 C_v 值越大，表明径流过程的年际间丰枯变化程度就越剧烈，那么对于开发利用水资源越不利。通过分析潘家口水库 1954～2000 年共 47 年的天然径流资料，计算得到其径流年际变化 C_v 值是 0.60，年极值比是 6.54，径流年际变化相对较大，表明潘家口水库的多年径流变化较不稳定。年流量的多年变化特征值如表 3-2 所示。

表 3-2 　潘家口水库的年径流多年变化特征值

项目	多年平均流量 / （m³/s）	变差系数 C_v	最大年流量			最小年流量			最大与最小年流量比
			年份	流量 / （m³/s）	与多年平均比	年份	流量 / （m³/s）	与多年平均比	
特征值	69.3	0.60	1959	144	2.11	1981	22	0.32	6.54

2. 径流年际变化的长持续性分析

虽然径流年际变化的丰枯周期出现时间不相同、数量不重复，但是丰水年组和枯水年组会交替出现，通过绘制径流变化的模比数差积曲线 $\sum(K_i-1)\text{-}t$（图 3-1），来分析丰枯年组变化情况。

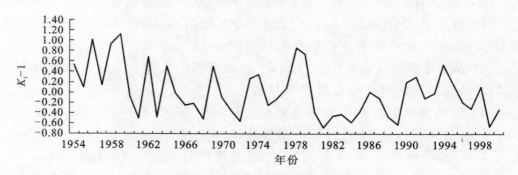

图 3-1 　潘家口水库的入库径流过程模比数差积曲线

由图 3-1 可以看出，1954～1967 年的流量变化过程尽管有枯水年组出现，但是流量的总趋势还是较大，1968～1980 年丰枯变化比较明显，自 1981 年以后,虽然年流量的变化过程有几个年份偏丰,但是总趋势是下降的。这种不规则的径流长持续性变化,不仅与区域的径流长、中、短周期变化有关系,而且在一定程度上还受大尺度大气环流的影响。

3.1.3　径流代际的变化

表 3-3 为潘家口水库的 5 年、10 年天然平均流量统计表。

表 3-3　水库径流代际变化　　　　　　单位:m³/s

时间(年)	1956～1960	1961～1965	1966～1970	1971～1975	1976～1980	1981～1985	1986～1990	1991～1995	1996～2000
5 年平均值	111	71	60	61	84	34	55	74	49
10 年平均值	—	66		72		44		62	

由表 3-3 可知,进入 20 世纪 80 年代后,径流量小于多年均值,仅为多年平均的 80% 左右。从 5 年期的统计结果看,50 年代径流量比较大,60 年代先多后少,七八十年代先少后多,而 90 年代为先多后少,其中统计结果中 5 年期径流呈现有规律波动变化;而 10 年期的统计结果表明,60 ～ 90 年代表现出周期变化,但是总体呈现下降的趋势。

水库径流的 5 年滑动平均值和 10 年、20 年滑动平均值如图 3-2、图 3-3 和图 3-4 所示。

图 3-2　水库径流的 5 年滑动平均值

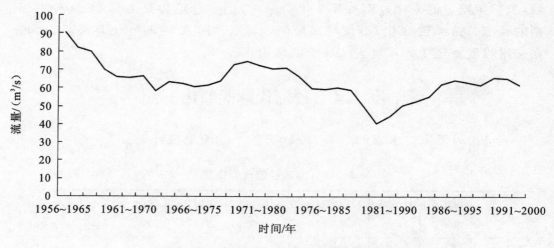

图 3-3　　水库径流的 10 年滑动平均值

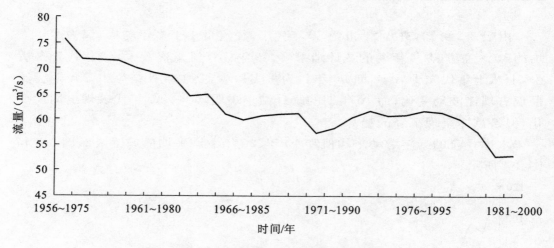

图 3-4　　水库径流的 20 年滑动平均值

　　由图 3-2 看出 20 世纪 60～70 年代径流较大,到 80 年代以后径流虽然有增加的时段,但总体是径流逐渐减小。由图 3-3 和图 3-4 中 10 年、20 年滑动平均流量的变化情况来分析,径流的变化波动较大,并出现较明显的逐步减少趋势。

3.1.4　径流丰枯变化情况

　　径流丰枯变化情况的划分标准通常按《水文情报预报规范》中表示,其中用 P 表示距平百分率,当 $P < -20\%$ 时,为枯水;当 $-20\% < P < -10\%$ 时,为偏

枯;当 $-10\% < P < 10\%$ 时,为平水;当 $10\% < P < 20\%$ 时,为偏丰;当 $P >$ 20% 时,为丰水。但在实际的应用中,通常通过已知年径流量计算相应模比系数值(用 K_P 表示),在表 3-4 中的模比系数范围查出来水的丰、平、枯变化程度。

表 3-4　模比系数 K_p 的判别

丰枯程度	丰水年		平水年	枯水年	
	特丰	偏丰		偏枯	特枯
相应的 K_p 值	$K_p > 1.20$	$1.20 > K_p \geqslant 1.10$	$1.10 > K_p \geqslant 0.90$	$0.90 > K_p \geqslant 0.80$	$K_p < 0.8$

通过表 3-5 的统计结果可知,其中 20 世纪 50 年代的来水为丰水;60 年代的来水为平水;70 年代的来水为偏丰;80 年代的来水为枯水;90 年代的来水为平水,由此看出各年代中平水出现概率最大。

表 3-5　各年来水量的丰枯变化程度

年份	—	—	—	1954	1955	1956	1957	1958	1959	1960
类别	—	—	—	丰	平	丰	平	丰	丰	平
年份	1961	1962	1963	1964	1965	1966	1967	1968	1969	1970
类别	枯	丰	枯	丰	平	偏枯	平	枯	丰	平
年份	1971	1972	1973	1974	1975	1976	1977	1978	1979	1980
类别	偏枯	枯	偏丰	偏丰	偏枯	平	平	丰	丰	偏枯
年份	1981	1982	1983	1984	1985	1986	1987	1988	1989	1990
类别	枯	枯	枯	枯	偏枯	平	平	枯	枯	偏丰
年份	1991	1992	1993	1994	1995	1996	1997	1998	1999	2000
类别	偏丰	平	平	丰	偏丰	平	偏枯	平	枯	偏枯

3.1.5　年型的转移概率统计分析

依据 Markov 链的理论,可将不同丰、平、枯的年型数据序列,以 $E_1, E_2, \cdots,$ E_k 来表示不同的状态,$P_{ij}^{(m)}$ 表示年型数列由状态 E_i 经过 m 步后变为状态 E_j 的概率,可用下式表示为

$$P_{ij}^{(m)} = \frac{n_{ij}^{(m)}}{N_i} \tag{3-1}$$

式中,N_i 为状态 E_i 出现的次数;$n_{ij}^{(m)}$ 为状态 E_i 经过 m 步后变为状态 E_j 的次

数。由频率稳定性可知，N_i 充分大的时候，转移频率可近似认为等于转移概率，可用它来估计转移概率。下式为 m 步状态转移概率的矩阵：

$$P^{(m)} = \begin{bmatrix} p_{11}^{(m)} & p_{12}^{(m)} & \cdots & p_{1k}^{(m)} \\ p_{21}^{(m)} & p_{22}^{(m)} & \cdots & p_{2k}^{(m)} \\ \vdots & \vdots & & \vdots \\ p_{k1}^{(m)} & p_{k2}^{(m)} & \cdots & p_{kk}^{(m)} \end{bmatrix} \tag{3-2}$$

在实际应用中，一般只要考察一步转移概率矩阵 $P^{(1)}$。

此序列的状态转移为：从某个时刻的某一种状态，经过时间的推移，变成了另一个时刻的另一种状态，以构成 Markov 链的转移矩阵。将潘家口水库1954 ~ 2000 年总共 47 年的入库径流划为丰、偏丰、平、偏枯、枯 5 种状态，可分别记为状态 1 ~ 状态 5，这样就构成了状态和时间都离散的随机序列。表 3-6 为潘家口水库径流丰枯状态的一步转移概率矩阵。

表 3-6　　潘家口水库径流丰枯状态的一步转移概率矩阵

i	j				
	1	2	3	4	5
1	0.20	0.10	0.50	0.10	0.10
2	0.00	0.40	0.40	0.20	0.00
3	0.29	0.00	0.21	0.21	0.29
4	0.00	0.00	0.67	0.00	0.33
5	0.27	0.18	0.00	0.18	0.36
平均转移概率	0.15	0.14	0.36	0.14	0.22

1. 分析各状态的自转移概率

从上表的分析计算中可知，潘家口水库 47 年径流的各状态都有不同程度的自转移概率出现，其中最大值 $P_{22} = 0.40$，表明状态 2 的偏丰年转移概率最大，亦自保守性最强，即偏丰水年份出现前会有较丰的年份发生；$P_{55} = 0.36$ 也较大，状态 5 枯水年的自保守性较强，$P_{11} = 0.20$，$P_{33} = 0.21$ 说明状态 1 丰水年和状态 3 平水年有一定的自保守性，而状态 4 偏枯水年的自保守性最弱，由此反映出年径流丰枯变化在偏丰水年、枯水年持续时间较长，在丰水年和平水年也会有一定的持续时间，而在偏枯年持续时间最短。

2. 分析各状态的互转移概率

从表 3-6 中可以看出，$P_{43} = 0.67$，说明年径流在偏枯年向平水年转移的概率最大；$P_{13} = 0.50$ 和 $P_{23} = 0.40$ 说明丰水年和偏丰水年向平水年转化的概率比较大；$P_{45} = 0.33$，说明偏枯水年向枯水年转化的概率也较大，$P_{35} = 0.29$ 和 $P_{31} = 0.29$ 说明平水年向枯水年和平水年向丰水年转化的概率相同。

潘家口水库 47 年的径流各状态中向状态 3（平水年）的平均转移概率是 0.36，表明各状态向平水年的转移概率是最大的。47 年的径流各状态中向状态 1（丰水年）的平均转移概率是 0.15，向状态 2（偏丰年）和状态 4（偏枯年）的平均转移概率是 0.14，向状态 5（枯水年）的平均转移概率是 0.22，表明年径流不管处于哪种初始状态，其向丰水年、偏丰年和偏枯年变化的转移概率比向枯水年变化转移的概率小一些。

3.2　引滦水库群径流的丰枯补偿特性分析

潘家口水库是引滦工程的源头，将可分配水量通过引滦入津和引滦入唐工程引到天津和唐山，于桥水库是天津市的重要枢纽工程，承担着引滦调蓄向天津的供水任务，陡河水库是唐山市供其市区生活用水和工农业生产用水的综合水利枢纽。近年来，随着社会经济的发展，天津、唐山两地水资源短缺现象日益严重，各水库来水呈下降趋势，因此分析潘家口、于桥、陡河水库之间的丰枯补偿特性对水库联合调度以及水资源合理配置具有重要意义。

潘家口水库、大黑汀水库与桃林口水库之间的联合调度主要体现在对滦河下游农业灌溉供水上：利用秦皇岛市剩余指标水量，桃林口水库通过青龙河河道加大向滦河下游农业供水，减少的潘家口水库、大黑汀水库向滦下农业供水量经引滦入津或引滦入唐工程向天津市或唐山市供水；利用天津市或唐山市剩余指标水量，加大潘家口、大黑汀水库向滦下农业供水量，减少的桃林口水库向滦下农业供水量经引青济秦输水工程向秦皇岛市供水。由于大黑汀水库位于潘家口水库主坝下游 30 km 滦河干流上，所处地理位置和气候条件等比较接近，所以两座水库的入库流量基本上为同丰同枯的情况，因此分析潘家口水库、桃林口水库之间入库径流的丰枯补偿特性。

研究不同区域丰枯补偿特性，实际上属于求解变量之间联合概率分布问题，目前常用的两变量联合概率分布模型（谢华等，2008）主要有：两变量正态分布模型、混合 Gumbel 模型、两变量 Gumbel-logistic 模型、指数分布模型、皮尔逊 III 型模型、Farlier-Gumbel-Morgenstern 模型等，这些模型都是基于随机变量之间的线性相关性建立的，通过线性相关系数来衡量变量间的相关关系，而用此来描述非线性相关关系问题时会出现错误的结论，而水文科学领域的各种随机变量之间往往呈现出各种复杂的线性、非线性的相关关系，所以以上线性相关的变量分布模型就不能准确地描述变量之间的联合分布问题。故引入 Copula 函数来描述变量间的相关性，Copula 函数可将联合分布的函数和它各自的边缘分布函数联系在一起，基于变量之间的非线性相关关系而建立的，可以描述变量间非线性、非对称和对称的相关关系，目前在水文科学中得到广泛的应用（牛军宜等，2009；庄丹琴和孟飞，2011）。

3.2.1　基于混合 Copula 函数分布模型

1. Copula 理论及 Copula 函数分布模型

1959 年 Copula 函数理论提出，Sklar 提出可把一个联合分布函数分解为一个 Copula 函数和 K 个边缘分布函数，而分解出来的 Copula 函数可用来描述变量之间相关性，也就是可将联合分布的函数和它各自的边缘分布函数联系在一起的函数（韦艳华和张世英，2008）。N 元 Copula 函数 $C(u_1, u_2, \cdots, u_N)$ 具有以下性质。

（1）对任意的变量 $u_n \in [0,1], n = 1, 2, \cdots, N, C(u_1, u_2, \cdots, u_N)$ 都是非减的。

（2）$C(u_1, u_2, \cdots, 0, \cdots, u_N) = 0, C(1, \cdots, 1, u_n, 1, \cdots, 1) = u_n$。

（3）对任意的变量 $u_n, v_n \in [0,1], n = 1, 2, \cdots, N$，均有

$$| C(u_1, u_2, \cdots, u_N) - C(v_1, v_2, \cdots, v_n) | \leqslant \sum_{n=1}^{N} | u_N - v_N | \tag{3-3}$$

（4）$C^-(u_1, u_2, \cdots, u_N) < C(u_1, u_2, \cdots, u_N) < C^+(u_1, u_2, \cdots, u_N)$

（5）若变量 $u_n \in [0,1], n = 1, 2, \cdots, N$ 相互独立，用 $C^\perp$ 表示独立变量的 Copula 函数，则

$$C^\perp = C(u_1, u_2, \cdots, u_N) = \prod_{n=1}^{N} u_n \tag{3-4}$$

常用的 Copula 函数有很多种，本书主要介绍常用的多元正态 Copula 函数、阿基米德 Copula（Archimedean Copula）函数的三类常用函数（Clayton Copula 函数、Gumbel Copula 函数、Frank Copula 函数）和极值 Copula 函数。

1）多元正态 Copula 函数

其中 N 元正态 Copula 函数的分布函数与密度函数可表达为

$$C(u_1, u_2, \cdots, u_N; \rho) = \Phi_\rho[\Phi^{-1}(u_1), \Phi^{-1}(u_2), \cdots, \Phi^{-1}(u_N)] \tag{3-5}$$

$$C(u_1, u_2, \cdots, u_N; \rho) = | \rho |^{-\frac{1}{2}} \exp[-\frac{1}{2} \zeta'(\rho^{-1} - I)\zeta] \tag{3-6}$$

式中，ρ 为对角线上的元素为 1 的对称正定矩阵；$| \rho |$ 表示与矩阵 ρ 相对应的行列式的值；$\Phi_\rho(\cdot, \cdots, \cdot)$ 表示相关系数矩阵为 ρ 的标准正态分布函数；$\Phi^{-1}(\cdot)$ 为标准多元正态函数 $\Phi(\cdot)$ 的逆函数；$\zeta = (\zeta_1, \zeta_2, \cdots, \zeta_N)', \zeta_n = \Phi^{-1}(u_n), n = 1, 2, \cdots, N, I$ 为单位矩阵。

2）阿基米德 Copula 函数

其中阿基米德 Copula 函数可表示为

$$C(u_1,u_2,\cdots,u_N) = \varphi^{-1}[\varphi(u_1) + \varphi(u_2) + \cdots + \varphi(u_N)] \tag{3-7}$$

式中，$\varphi(\cdot)$ 为阿基米德 Copula 函数 $C(u_1,u_2,\cdots,u_N)$ 的生成元，需要满足以下两个条件：① $\sum_{n=1}^{N} \varphi(u_n) \leqslant \varphi(0)$ 并且 $\varphi(1) = 0$；② 当 $0 \leqslant t \leqslant 1$ 时，$\varphi'(t) < 0$，$\varphi''(t) > 0$，表示 $\varphi(\cdot)$ 是凸的减函数。其中 $\varphi^{-1}(\cdot)$ 是 $\varphi(\cdot)$ 的逆函数。

Gumbel Copula 函数、Clayton Copula 函数、Frank Copula 函数是常用的二元阿基米德 Copula 函数，分别由它们扩展到 N 元阿基米德 Copula 函数可表示为

（a）N 元 Gumbel Copula 函数的表达式为

$$C(u_1,u_2,\cdots,u_N;\alpha) = \exp\left(-\left[\sum_{n=1}^{N}(-\ln u_n)^{\frac{1}{\alpha}}\right]^{\alpha}\right) \qquad \alpha \in (0,1] \tag{3-8}$$

（b）N 元 Clayton Copula 函数的表达式为

$$C(u_1,u_2,\cdots,u_N;\theta) = \left(\sum_{n=1}^{N} u_n^{-\theta} - N + 1\right)^{-\frac{1}{\theta}} \qquad \theta \in (0,\infty) \tag{3-9}$$

（c）N 元 Frank Copula 函数的表达式为

$$C(u_1,u_2,\cdots,u_N;\lambda) = -\frac{1}{\lambda}\ln\left[1 + \frac{\prod_{n=1}^{N}(e^{-\lambda u_n} - 1)}{(e^{-\lambda} - 1)^{N-1}}\right] \qquad \lambda \neq 0, N \geqslant 3 \text{ 时}, \lambda \in (0,\infty)$$

$$\tag{3-10}$$

式中，α、θ、λ 为相关参数。

3）极值 Copula 函数

极值 Copula 函数（extreme value Copula，EVC）可表达为

$$C(u_1^t,u_2^t,\cdots,u_n^t) = C^t(u_1,u_2,\cdots,u_N) \qquad \forall\, t > 0 \tag{3-11}$$

2. 混合 Copula 函数的构造与相关性分析

1）不同类型的 Copula 函数比较分析

一般情况下，多元正态 Copula 函数通常描述变量之间的相关关系，但是由于此函数有对称性的特点，所以对于变量的非对称相关关系很难拟合。

而 Gumbel Copula 函数和 Clayton Copula 函数都具有非对称性的特点，其中 Gumbel Copula 函数为"J"字形分布，下尾低而上尾高，对水文变量的下尾部变化不太敏感，而对上尾部的分布变化比较敏感，所以很难描述下尾部的相关变化情况，即当一个水文变量出现极大值时，另外两个水文变量也出现极大值的概率增大。

Clayton Copula 函数为"L"字形分布，下尾高而上尾低，对水文变量的下

尾部变化比较敏感,而对上尾部的分布变化不太敏感,所以很难描述上尾部的相关变化情况,即当一个水文变量出现极小值时,其他两个水文变量也出现极小值的概率增大。

Frank Copula 函数为"U"字形分布,它有对称性的特点,所以很难描述水文变量之间的非对称关系,Frank Copula 函数只适合描述具有对称相关结构的变量之间的相关关系,即各个水文变量间极大值相关性与极小值相关性是对称增长的,但是其尾部的分布变量是比较独立的,所以 Frank Copula 函数无论在描述上尾部还是下尾部的相关性中都是不敏感的,故无法描述尾部变化的相关性。

2) 混合 Copula 函数的构造与相关性分析

Gumbel Copula 函数、Clayton Copula 函数、Frank Copula 函数三类常用的阿基米德函数能够捕捉尾部相关的情形:上尾部的相关、下尾部的相关、上尾部和下尾部的对称相关。这些 Copula 函数具有描述各种水文变量模式之间的关系,特别是尾部相关关系,水文系统中各变量之间的关系是复杂多变的,不是拘泥于某种特定关系,它们只能反映水文变量间相关性的某个侧面,因此很难用一个简单的 Copula 函数来全面地刻画水文系统中各变量之间的相关模式,所以一个更加灵活的 Copula 函数需要构造,来描述各种水文变量模式之间的关系。应用不同 Copula 函数的优点,本书选用 Gumbel Copula 函数、Clayton Copula 函数、Frank Copula 函数的线性组合来构造混合的 Copula 函数,可以更加灵活地刻画水文系统中各变量之间的相关关系。

混合 Copula 函数 M-Copula 表达式为

$$\begin{cases} MC_3 = w_G C_G + w_F C_F + w_{Cl} C_{Cl} \\ w_G + w_F + w_{Cl} \geqslant 0 \\ w_G + w_F + w_{Cl} = 1 \end{cases} \tag{3-12}$$

式中,C_G,C_F,C_{Cl} 分别为 Gumbel Copula、Frank Copula、Clayton Copula 函数;w_G,w_F,w_{Cl} 为相应 Copula 函数的权重系数。由式(3-8)～式(3-10)可知,MC_3 中包括了六个参数,参数向量$(\alpha, \lambda, \theta)$用来描述变量间相关的程度,变量间相关的模式由线性权重参数向量(w_G, w_F, w_{Cl})表示。

3. Copula 模型的参数估计、检验与评价

1) Copula 模型的参数估计

Copula 函数模型中的参数估计有很多种,一般采用极大似然和矩估计,而其中极大似然估计是较常用的 Copula 模型参数估计方法,其联合分布函数的密度函数为

$$f(x_1, x_2, \cdots, x_N; \theta) = c[F_1(x_1; \theta_1), F_2(x_2; \theta_2), \cdots, F_N(x_N; \theta_N); \theta_c] \prod_{n=1}^{N} f_n(x_n; \theta_n)$$

$$= c(u_1, u_2, \cdots, u_N; \theta_c) \prod_{n=1}^{N} f_n(x_n; \theta_n) \tag{3-13}$$

式中，
$$c(u_1, u_2, \cdots, u_N; \theta_c) = \frac{\partial C(u_1, u_2, \cdots, u_N; \theta_c)}{\partial u_1 \partial u_2 \cdots \partial u_N} \tag{3-14}$$

式中，θ_c 为 Copula 函数的 $1 \times m_c$ 维参数向量；$F_n(x_n; \theta_n)$ 为边缘分布函数；θ_n 为边缘分布函数 $F_n(x_n; \theta_n)$ 的 $1 \times m_n$ 维参数向量；$\theta = (\theta_1, \theta_2, \cdots, \theta_N, \theta_c)'$；$n = 1, 2, \cdots, N$。

因此，可以得到样本 $(x_{1t}, x_{2t}, \cdots, x_{Nt})$，$t = 1, 2, \cdots, T$ 的对数似然函数为
$$\ln L(x_{1t}, x_{2t}, \cdots, x_{Nt}; \theta) =$$

$$\sum_{t=1}^{T} \left\{ \sum_{t=1}^{N} \ln f_n(x_{nt}; \theta_n) + \ln c[F_1(x_{1t}; \theta_1), F_2(x_{2t}; \theta_2), \cdots, F_N(x_{Nt}; \theta_N); \theta_c] \right\}$$

$$\tag{3-15}$$

使似然函数取得最大值的 θ 即是最大似然估计值。

2）Copula 模型的检验与评价

应用的 Copula 分布函数是否能够很好地拟合变量之间的相关结构及分布，所以 Copula 函数的检验与拟合优度评价需要建立。K-S 用于检验样本是否服从同一分布，故应用其对 Copula 分布函数进行检验；Copula 函数的拟合度评价采用均方根误差 RSME 最小准则来计算（莫淑红等，2009），其定义如式（3-16）：

$$\text{RSME} = \sqrt{\frac{1}{N} \sum_{i=1}^{N} [p_c(i) - p_0(i)]^2} \tag{3-16}$$

式中，N 是样本容量；i 为样本序号；p_c 为模型计算的理论频率；p_0 为联合分布的经验频率。

其中 K-S 检验的统计量 D 计算公式如式（3-17）所示：

$$D = \max_{1 \leqslant k \leqslant n} \left[\left| C_k - \frac{u_k}{N} \right|, \left| C_k - \frac{u_k - 1}{N} \right| \right] \tag{3-17}$$

式中，N 为样本容量；C_k 为样本 $x_k = (x_{1k}, x_{2k}, x_{3k})$ 的 Copula 值；u_k 为样本中满足条件 $x \leqslant x_k$ 的个数，即满足：$x_1 \leqslant x_{1k}, x_2 \leqslant x_{2k}, x_3 \leqslant x_{3k}$。

3.2.2　潘家口、陡河、于桥水库的丰枯遭遇分析

1. 各水库来水径流分布情况

根据 1956～2000 年潘家口、陡河、于桥水库的入库径流资料，分析各水

库多年平均径流年均分配情况，如图 3-5 ～ 图 3-7 所示。

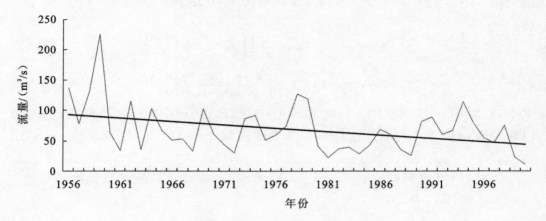

图 3-5　潘家口水库径流分布情况

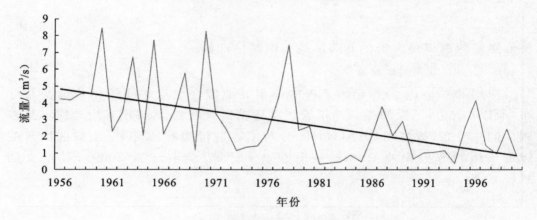

图 3-6　陡河水库径流分布情况

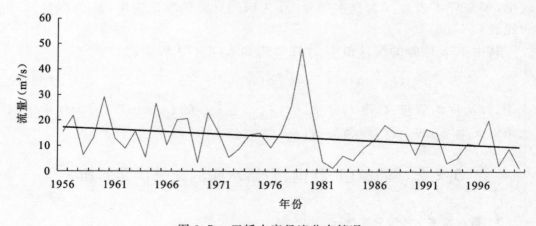

图 3-7　于桥水库径流分布情况

由图 3-5 ~ 图 3-7 可知,潘家口、陡河和于桥水库的径流分布都是逐年递减的趋势,而随着工农业的发展用水量逐年增加,这使得水库群供水联合调度迫在眉睫。

P-III 型曲线是当前水文计算的常用频率曲线,又称为伽马分布。其概率密度函数是

$$f(x) = \frac{\beta^\delta}{\Gamma(\delta)}(x - \alpha_0)^{\delta-1} e^{-\beta(x-\alpha_0)} \tag{3-18}$$

式中,$\Gamma(\delta)$ 为 δ 的伽马分布;δ, α_0, β 分别为 P-III 型曲线分布的形状、位置及尺度参数,且 $\delta > 0, \beta > 0$。

因此,参数 δ, α_0, β 确定后,密度函数也就随之确定了。论证得知,此三个参数与三个总体统计参数均值 $\overline{x}$、偏态系数 C_s、变差系数 C_v 具有以下关系:

$$\begin{cases} \delta = \dfrac{4}{C_s^2} \\ \alpha_0 = \overline{x}\left(1 - \dfrac{2C_v}{C_s}\right) \\ \beta = \dfrac{2}{\overline{x}C_s C_v} \end{cases} \tag{3-19}$$

应用矩法对 P-III 频率曲线参数进行估计,其中:

$$\overline{x} = \frac{1}{n}\sum_{i=1}^{n} x_i \tag{3-20}$$

$$C_v = \sqrt{\frac{\sum_{i=1}^{n}(k_i - 1)^2}{n - 1}} \tag{3-21}$$

$$C_s = \frac{n^2}{(n-1)(n-2)} \frac{\sum_{i=1}^{n}(k_i - 1)^3}{nC_v^3} \tag{3-22}$$

式中,n 为样本容量;k_i 为模比系数。潘家口、陡河、于桥水库的来水径流样本的 $\overline{x}, C_s, C_v$ 参数值见表 3-7。

表 3-7 潘家口、陡河、于桥水库年径流 P-III 频率曲线参数估计结果

水库	$\overline{x}/(\text{m}^3/\text{s})$	C_v	C_s/C_v
潘家口水库	63.66	0.62	3.0
陡河水库	2.72	0.78	2.0
于桥水库	13.23	0.71	1.5

2. Copula 模型的计算、检验与评价结果

根据表 3-7 计算结果以及式(3-13) ~ 式(3-17)分别计算潘家口、陡河、于

桥水库的 Gumbel-Copula，Clayton-Copula，Frank-Copula，M-Copula 函数的各相关参数和检验评价值。其函数的计算、检验与评价结果见表 3-8（K-S 检验在0.05 水平下显著）。

表 3-8　　Copula 模型的计算、检验与评价结果

函数名称	参数	参数值	K-S 统计量	均方根误差 RSME
Gumbel-Copula	α	2.581 2	0.125 7	2.159 9
Clayton-Copula	θ	3.354 1	0.137 2	2.284 7
Frank-Copula	λ	7.853 4	0.142 8	2.642 1
M-Copula	$\alpha = 2.590\ 1; \theta = 2.953\ 1; \lambda = 7.801\ 1$ $w_G = 0.674\ 2; w_{Cl} = 0.325\ 8; w_F = 0$		0.129 5	2.032 8

表 3-8 计算表明，Gumbel-Copula、Clayton-Copula、Frank-Copula、M-Copula函数均通过 K-S 检验，能较好地拟合水库径流系列的边缘分布，根据均方根误差 RSME 最小准则，选取 M-Copula 函数为连接函数来拟合三个水库的径流联合分布情况。

3. 水库的径流丰枯补偿分析

把水库的丰枯指标分丰、平、枯三级超越概率来划分相应水库的保证率，其丰枯指标分别为 $p_f = 37.5\%$、$p_k = 62.5\%$，利用 M-Copula 函数对丰枯遭遇进行计算时，将上述指标转化成累计概率，即 $P(X < x_f) = 0.625, P(X < x_k) = 0.375$。具体划分三个水库的流量丰枯指标值见表 3-9。

表 3-9　　潘家口、陡河、于桥水库丰枯划分流量值　　　　单位：m³/s

丰枯指标	潘家口水库	陡河水库	于桥水库
丰水 $x_f (p_f = 37.5\%)$	67.04	2.47	15.11
枯水 $x_k (p_k = 62.5\%)$	39.58	1.42	6.67

基于上述划分标准，应用 M-Copula 连接函数对潘家口、陡河和于桥水库的径流系列丰枯补偿进行分析，共有 27 种丰枯补偿遭遇形式，式（3-23）～式（3-25）分别列举三种丰枯遭遇计算公式，为潘家口、陡河和于桥水库的丰平枯、枯丰丰、平丰平。其他情形同理，具体各形式和计算结果见表 3-10。

丰平枯情形：

$$P_{fpk} = P(X_1 \geqslant x_{1f}, x_{2k} \leqslant X_2 \leqslant x_{2f}, X_3 \leqslant x_{3k}) \qquad (3-23)$$

枯丰丰情形：

$$P_{kff} = P(X_1 \leqslant x_{1k}, X_2 \geqslant x_{2f}, X_3 \geqslant x_{3f}) \qquad (3\text{-}24)$$

平丰平情形：

$$P_{pfp} = P(x_{1k} \leqslant X_1 \leqslant x_{1f}, X_2 \geqslant x_{2f}, x_{3k} \leqslant X_3 \leqslant x_{3f}) \qquad (3\text{-}25)$$

表 3-10　　潘家口、陡河、于桥水库丰枯遭遇概率（%）

概率	潘家口丰			潘家口平			潘家口枯			合计
	陡河丰	陡河平	陡河枯	陡河丰	陡河平	陡河枯	陡河丰	陡河平	陡河枯	
于桥丰	18.25	3.01	2.03	6.83	4.08	0.27	2.54	1.05	0.32	38.38
于桥平	3.11	2.87	3.85	2.07	4.08	3.04	2.34	3.35	1.81	26.52
于桥枯	2.03	1.84	2.03	0.22	0.42	4.92	0.87	6.24	16.53	35.1
合计	23.39	7.72	7.91	9.12	8.58	8.23	5.75	10.64	18.66	100

由表 3-10 的三水库径流系列 27 种丰枯遭遇情形分析知。

（1）潘家口、陡河和于桥水库同丰、同平、同枯的概率分别为 18.25%、4.08%，16.53%，即丰枯同步的概率为 38.86%；丰枯异步的概率为 61.14%。丰枯异步相对于丰枯同步的概率较高，说明三水库具有一定的相互补偿能力，为水库群联合供水调度提供较有利条件。

（2）当潘家口水库为丰水，而陡河水库和于桥水库中至少有一个平水或枯水的组合时，潘家口水库对陡河和于桥水库具有一定的补偿能力，即丰平平、丰平枯、丰平丰、丰丰平、丰丰枯、丰枯平、丰枯丰、丰枯枯，其概率为 20.77%。当潘家口水库来水为平水，而陡河水库和于桥水库中至少有一个平水或枯水的组合时，潘家口水库对陡河和于桥水库具有一定的补偿能力，即平平平、平平枯、平平丰、平丰平、平丰枯、平枯平、平枯丰、平枯枯，其概率为 19.1%。

（3）当潘家口水库来水为枯水，而陡河水库和于桥水库中有一个出现枯水或两个水库均出现枯水时，潘家口水库对陡河和于桥水库没有补偿能力，有以下几种组合情况：枯枯枯、枯丰枯、枯平枯、枯枯丰、枯枯平，其概率为 25.77%。

3.2.3　潘家口、桃林口水库的丰枯遭遇分析

根据 1956 ～ 2000 年潘家口和桃林口水库的入库径流资料，分析各水库多年平均径流年均分配情况，如图 3-5 和图 3-8 所示。

根据上节的理论模型，对潘家口、桃林口水库丰枯遭遇进行同样的分析。

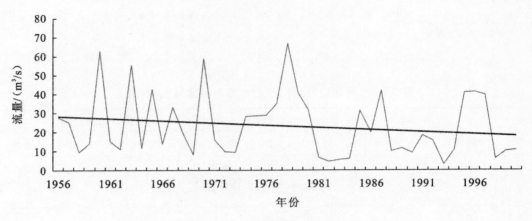

图 3-8　桃林口水库径流分布情况

其潘家口水库、桃林口水库的来水径流样本的 $\overline{x}, C_s, C_v$ 参数值见表 3-11;水库丰枯划分流量值见表 3-12;表 3-13 为两水库丰枯遭遇概率结果。

表 3-11　潘家口、桃林口水库年径流 P-III 频率曲线参数估计结果

水库	$\overline{x}/(\mathrm{m}^3/\mathrm{s})$	C_v	C_s/C_v
潘家口水库	63.66	0.62	3.0
桃林口水库	22.38	0.75	2.5

表 3-12　潘家口、桃林口水库丰枯划分流量值　　　　单位:m³/s

丰枯指标	潘家口水库	桃林口水库
丰水 $x_f(p_f = 37.5\%)$	67.04	25.30
枯水 $x_k(p_k = 62.5\%)$	39.58	10.59

表 3-13　潘家口、桃林口水库丰枯遭遇概率结果

	潘家口丰	潘家口平	潘家口枯	合计
桃林口丰	19.09	13.38	5.68	38.15
桃林口平	13.38	9.82	7.32	30.52
桃林口枯	5.68	7.32	18.33	31.33
合计	38.15	30.52	31.33	100

由表 3-13 的两个水库径流系列 9 种丰枯遭遇情形分析知,潘家口和桃林

口水库同丰、同平、同枯的概率分别为 19.09%、9.82%、18.33%,即丰枯同步的概率为 47.24%;丰枯异步的概率为 52.76%。丰枯同步概率较高是由于其两水库的地理位置较接近,但丰枯异步概率占 50% 以上,说明两水库具有一定的相互补偿能力。其中潘丰桃平、潘平桃丰的概率均为 13.38%;潘枯桃丰、潘丰桃枯的概率均为 5.68%;潘枯桃平、潘平桃枯的概率均为 7.32%。

3.3　基于蚁群优化的神经网络的供需水预报模型

供需水预报是将水资源的需求和供给联系起来考虑,本书供水系统主要是滦河下游六水库的径流预测,需水预测为滦河流域供水区天津、唐山、秦皇岛的城市生活、工业以及滦河下游农业需水,依据水文气象的资料,采用物理分析、统计学等方法理论,对未来时段的水文情势进行预报。预报的步骤主要分为确定预测目标、资料的搜集处理、选择预测技术、建立预测模型、评价模型、利用模型进行预测、分析预测结果。传统的预报模型主要有成因分析法和水文统计法,近年来,随着计算机技术的发展,水文预报的方法主要有混沌分析、灰色系统预报、可拓聚类预测方法、人工神经网络法、小波分析等以及这些方法的相互耦合。

3.3.1　水文预报的主要方法简介

1. 水文统计法

水文统计法是水文预报中较常用的一种方法,不但可以从长期历史资料中寻找水文要素的自身历史变化规律,还能寻找出已出现过预报对象与预报因子之间关系和统计规律。水文要素由多个因素共同决定,要做中长期水资源预报,通常要有一些相关程度较高因子,其中包含主成分分析、多元线性回归分析等。

2. 灰色系统分析

灰色系统理论(孙玉刚,2007;张本伟等,2009)是 20 世纪 80 年代提出的一种研究少数据、贫信息不确定性问题的新方法,灰色系统理论以部分信息已知、部分信息未知的小样本、贫信息、不确定性的系统为研究对象,通过对部分已知信息的生成、开发,提取有价值的信息,实现对系统演化规律的正确描述和有效监控。由于水文预报中包含不确定性成分较多,且各种成分难以严格区别,可将水文过程看成一个含有灰信息和灰元素的多因素影响的灰色系统。因此灰色系统理论在水文预报中得到充分的利用。

3. 人工神经网络

人工神经网络理论是人工智能研究的一个重要领域,是在模拟人脑思维的过程中发展起来的一种新方法,反映了大脑神经细胞的某些特征,但不是人脑细胞的真实再现,从数学角度而言,它是对人脑细胞的高度抽象和简化的结构模型。它模拟人脑神经元,应用样本数据通过灵活的非线性连接关系,构建输入层与输出层间的映射关系。反馈网络(feedback NNS)、前向网络(feed forward NNS)和自组织网络(self-organizing NNS)是人工神经网络的三类,绝大多数神经网络采用 BP(back propagation)网络。神经网络通常由一个输入层、一个输出层、一个或多个隐含层构成,每一层都可以有几个节点。20 世纪 90 年代以来,人工神经网络在水文预报中的应用逐渐增多,陈元琳(2006)结合实际问题,给出了时变输入输出过程神经元网络在系统辨识中的应用。王晶等(2008)等将蚁群神经网络应用于短期负荷预测中,表明蚁群神经网络预测模型有很好的预测精度和较快的预测速度。

4. 可拓聚类预测方法

可拓学主要是通过建立关联函数对事物量变与质变过程进行定量分析,聚类分析主要对给定样本进行数量化的分类一种方法,为解决从变化角度出发聚类分析的问题提供一种途径。可拓聚类预测方法(沈航和邹平,2006)是首先通过聚类分析来划分集合若干的子集,构造经典域物元与节域物元,同时确定待测物元,再由关联函数值来确定待测样本的隶属子集,由此得到聚类预测的结果。

5. 混沌分析

混沌理论分析方法是近年来迅速发展起来的非线性时间序列分析方法之一,其研究始于 Packard 等(1980)提出的重构相空间理论。混沌理论指出了原本认为不可能预测的复杂事物具有可预测性,揭示了有序与无序,确定性与随机性的统一,一般的水文现象都既有确定性又有不确定性存在,如何在复杂的水文系统中找出相应的规律,是混沌分析能够解决的问题。1963 年,被誉为"混沌之父"的美国气象学家 E. Lorenz 在分析气象数据及求解他所提出的模型方程时,首次发现了混沌,并对混沌现象作出形象的描述(Lorenz,1963);张珏(2009)以石泉、安康水文站月径流序列为例,结合混沌相空间重构理论,对径流时间序列进行预测。

3.3.2　基于蚁群优化的 BP 神经网络

BP 算法在理论具有以下优点：网络结构简单、有比较强的记忆和联想能力、状态较稳定（尚松浩，2006），但在水文预报实际应用过程中，存在一些问题：新样本的输入对已学习的样本造成影响、需要靠经验来选取权重初值和神经元个数（范瑛，2010）。蚁群算法（ant colony optimization，ACO）是一种概率搜索算法，具有并行性、正反馈性、较强的鲁棒性和优良的分布式计算机制等优点，故针对上述问题，对 BP 神经网络进行如下改进：采用 ACO 与 BP 网络进行权值和参数结合（A-BP），对网络进行训练；对训练样本进行归一化处理。

1. 神经网络的基本原理

人工神经网络（artificial neural network，ANN）（邢文训和谢金星，2005；王义民和张珏，2010）为模拟人脑的神经网络结构与功能特性的一种非线性信息并行处理系统，是由大量的处理单元（人工神经元）相互连接而成的网络，具有自学习、自适应、自组织等特性。1982 年，神经网络模型应用能量函数概念，提出关于判断网络的稳定性方法；1983 年 G. Sejnowski 与 T. Hinton 提出了大规模并行网络学习机，同时明确提出了隐单元的概念；1986 年，多层前馈型网络的权重调整误差反向传播（back-propagation）算法提出了把人工神经网络的研究进一步深入，这种基于 BP 算法的前馈型网络一般称为 BP 网络，是目前应用最广泛的神经网络之一，可以用较高的精度来接近复杂的非线性函数，具有比较强的记忆和联想能力、状态较稳定、网络结构简单等优点。

1）BP 神经网络的结构

BP 网络一般有一个输入层、一个输出层、一个或多个隐含层构成，每一层都可有若干个节点，图 3-9 为 BP 网络的结构图。

设有 n 个输入层神经元，m 个隐层神经元，l 个输出层神经元，$x_1,x_2,\cdots,x_n$ 为神经网络的输入，$y_1,y_2,\cdots,y_l$ 为神经网络的输出。其中输入层的信息要传到隐含层，隐含层将得到的信息按非线性方式作为输入信息，传给输出层。隐含层一般通过激发函数产生输出信息，其激发函数一般选用 Sigmoid 函数。

2）BP 神经网络计算过程

BP 网络计算过程一般由正向计算过程和反向计算过程两部分构成。首先经过输入层、隐层和输出层逐层计算处理，得到样本的输出，然后通过误差计算公式计算期望的样本输出与神经网络计算结果间的误差，最后根据误差来调整网络权重，再从后向前层层地修正各连接权重，一直到误差满足规定的要求。其主要步骤为以下几步。

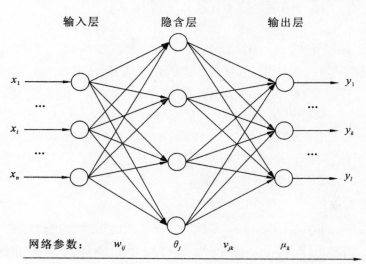

图 3-9　BP 神经网络的结构

（1）随机的产生初始阈值与权重

BP 神经网络结构的输入层神经元个数，隐层神经元个数，输出层神经元个数（n,m,l）确定以后，依据神经网络的神经元基本原理，其中神经网络的参数包含从输入层 i 到隐含层单元 j 的权重 $w_{ij}(i=1,2,\cdots,n;j=1,2,\cdots,m)$；隐含层单元 j 的激活阈值 $\theta_j(j=1,2,\cdots,m)$；隐含层单元 j 到输出层单元 k 的连接权 $v_{jk}(j=1,2,\cdots,m;k=1,2,\cdots,l)$；输出层单元 k 的激活阈值 $\mu_k(k=1,2,\cdots,l)$。网络的初始权值一般随机产生于 $[-1,1]$ 之间。

（2）训练样本的输出

假设有 Q 个训练样本，第 $q(q=1,2,\cdots,Q)$ 个样本的输入 $x_{iq}(i=1,2,\cdots,n)$ 传递到隐含层上，经过激活函数 $f_1(s)$ 得到隐含层的输出信息 h_{jq}：

$$h_{jq}=f_1(s_{jq})=f_1\Big(\sum_{i=1}^{n}w_{ij}x_{iq}-\theta_j\Big),j=1,2,\cdots,m;q=1,2,\cdots,Q$$

$$(3\text{-}26)$$

激活函数 $f_1(s)$ 一般选择 Sigmoid 函数：

$$f(s)=\frac{1}{1+\mathrm{e}^{-x}}\qquad\qquad(3\text{-}27)$$

隐含层的输出信息 h_{jq} 传递到输出层，得到网络输出 O_{kq} 为

$$O_{kq}=f_2(r_{kq})=f_2\Big(\sum_{j=1}^{m}v_{jk}h_{jq}-\mu_k\Big),k=1,2,\cdots,l;q=1,2,\cdots,Q$$

$$(3\text{-}28)$$

$f_2(s)$ 可选用 Sigmoid 函数,但一般采用线性函数:

$$f_2(s) = s \tag{3-29}$$

（3）误差的计算

期望值 y_{kq} 和神经网络的计算输出 O_{kq} 之间通常存在一定的误差,则样本 Q 的误差函数 $E(q)$ 可表达为

$$E_q = \frac{1}{2q} \sum_{q=1}^{Q} \sum_{k=1}^{l} (O_{kq} - y_{kq})^2, k = 1, 2, \cdots, l; q = 1, 2, \cdots, Q \tag{3-30}$$

如果误差满足一定的精度要求,则网络学习结束,否则根据误差调整网络权值和阈值。

（4）调整权值和阈值

已经确定了神经网络的神经元个数,可通过阈值和权值的调整,使误差降低,已达到提高计算精度的目的,可对 w 进行修正,由于误差函数 E_q 随着 w 呈负梯度变化,所以设 w 的修正值为 Δw:

$$\Delta w(t+1) = w(t+1) - w(t) = -\eta \frac{\partial E_q}{\partial w} \tag{3-31}$$

式中,η 为学习率,取值范围为 $(0,1)$;w 为某个权重或阈值。一般情况下,若 η 较大,网络虽然收敛快,但是会有振荡现象出现;若 η 较小,则网络训练收敛较缓慢。为避免这种情况,可以通过惯量因子 α[取值范围为$(0,1)$],与式（3-31）进行综合:

$$\Delta w(t+1) = -\eta \frac{\partial E_q}{\partial w} + \alpha \Delta w(t) \tag{3-32}$$

对于隐含层:

$$\frac{\partial E_q}{\partial \theta_k} = \delta'_{jq} = f'_1(s_{jq}) \cdot \sum_{k=1}^{l} \delta_{kq} v_{jk}, \frac{\partial E_q}{\partial w_{ij}} = -\delta'_{jq} x_{jq} \tag{3-33}$$

故输入层到隐含层权重、隐含层阈值的修正公式为

$$\Delta w_{ij}(t+1) = \eta \delta'_{jq} x_{jq} + \alpha \Delta w_{ij}(t) \tag{3-34}$$

$$\Delta \theta_j(t+1) = -\eta \delta'_{jq} + \alpha \Delta \theta_j(t) \tag{3-35}$$

对于输出层神经元:

$$\frac{\partial E_q}{\partial \mu_k} = \delta_{kq} = (y_{kq} - O_{kq}) \cdot f'_2(r_{kq}), \frac{\partial E_q}{\partial v_{jk}} = -\delta_{kq} h_{jq} \tag{3-36}$$

故隐含层到输出层权重、输出层阈值的修正公式为

$$\Delta v_{jk}(t+1) = \eta \delta_{kq} h_{jq} + \alpha \Delta v_{jk}(t) \tag{3-37}$$

$$\Delta \mu_k(t+1) = -\eta \delta_{kq} + \alpha \Delta \mu_k(t) \tag{3-38}$$

调整权重以后,若误差不满足精度要求,则转步骤（2）继续进行计算,直到误差满足规定精度的要求。

2. 蚁群优化算法的基本原理

蚁群算法是根据蚂蚁觅食原理设计的一种优化算法（Blum and Dorigo，2004；黄强和畅建霞，2007）。具有并行性、正反馈性、较强的鲁棒性和优良的分布式计算机制等优点（陈立华等，2009），初始时刻，各条路径上的信息素相等，设从巢穴 i 到食物源 j 的信息素轨迹强度 $\tau_{ij}(0) = C_0$（C_0 为常数）。蚂蚁 k（$k = 1$，$2, \cdots, m$）在运动过程中根据各条路径上的信息量决定转移方向。在 t 时刻，蚂蚁 k 在路径 i 和路径 j 的转移概率 $P_{ij}^k(t)$ 为

$$P_{ij}^k(t) = \begin{cases} \dfrac{\tau_{ij}^{\alpha}(t) \eta_{ij}^{\beta}(t)}{\sum\limits_{S \in \text{allowed}_k} \tau_{iS}^{\alpha}(t) \eta_{iS}^{\beta}(t)}, & j \in \text{allowed}_k \\ 0, & \text{otherwise} \end{cases} \tag{3-39}$$

式中，$\text{allowed}_k = \{0, 1, \cdots, n-1\}$ 为蚂蚁 k 下一步允许选择的目标；τ_{ij} 为边 (i, j) 上的信息素轨迹强度；η_{ij} 为边 (i, j) 的启发式因子；P_{ij}^k 为蚂蚁 k 的转移概率；α，β 为两个参数，分别反映蚂蚁在运动过程中积累的信息和启发信息在蚂蚁选择路径中的相对重要性。各路径上信息素量根据下式调整：

$$\tau_{ij}(t+1) = (1 - \rho)\tau_{ij}(t) + \rho \Delta \tau_{ij}(t, t+1) \tag{3-40}$$

$$\Delta \tau_{ij}(t, t+1) = \sum_{k=1}^{m} \Delta \tau_{ij}^k(t, t+1) \tag{3-41}$$

式中，$\Delta \tau_{ij}^k(t, t+1)$ 为第 k 只蚂蚁在时刻 $(t, t+1)$ 留在路径 (i, j) 上的信息素量，其值视蚂蚁表现的优劣程度而定，路径越短，信息素释放的就越多；$\Delta \tau_{ij}(t, t+1)$ 为本次循环路径 (i, j) 信息素量的增量；ρ 为信息素轨迹的衰减系数，通常 $\rho < 1$ 设置来避免路径上轨迹量的无限增加。

本书将应用随机扰动的策略，防止蚁群算法的停滞现象，这就需要动态的调整随机选择概率，计算得到近似最优解，既缩短计算时间，又提高计算效率。

蚂蚁在选择路径时都是随机的，一般都会选择转移概率大的路径，但是最优路径不一定被选中，导致随后的搜索出现停滞现象。由于当前最优路径上的信息素比实际的没找到最优路径的信息素多，随着增加迭代次数，实际的最优路径上信息素越来越少，那么选择这条路径的概率就越来越小。考虑到算法的这种停滞现象，同时依据以上蚂蚁在选择路径上的特点，"扰动因子"将被加入，用来干扰蚂蚁选择路径，使信息素不是最多的路径以一定的概率随机的被选中，此路径可能是最好的，同时，在进化计算过程中随机选择的概率需动态调整，来增加选择路径的多样性，但是需要单独计算信息素最大路径的概率，以防止漏选最优路径，故扰动策略的转移概率可表述如下：

$$C_{ij}^k = \begin{cases} \dfrac{(\tau_{ij}\eta_{ij})^{\gamma}}{\sum\limits_{S \in \text{allowed}_k} \tau_{iS}^{\alpha}(t)\eta_{iS}^{\beta}(t)}, & \tau_{ij} \in \max\{\tau_{iS}\}, S \in \text{allowed}_k \\[4mm] \dfrac{(\tau_{ij})^{\alpha}\cdot\eta_{ij}}{\sum\limits_{S \in \text{allowed}_k} \tau_{iS}^{\alpha}(t)\eta_{iS}^{\beta}(t)}, & \tau_{ij} = \tau_{iS} - \max\{\tau_{iS}\}, p \leqslant p_m, S \in \text{allowed}_k \\[4mm] \dfrac{\tau_{ij}\cdot(\eta_{ij})^{\beta}}{\sum\limits_{S \in \text{allowed}_k} \tau_{iS}^{\alpha}(t)\eta_{iS}^{\beta}(t)}, & \tau_{ij} = \tau_{iS} - \max\{\tau_{iS}\}, p > p_m, S \in \text{allowed}_k \\[4mm] 0, & \text{otherwise} \end{cases}$$

$$\tag{3-42}$$

式中，γ 为具有倒指数的扰动因子；$p_m \in (0,1)$ 为随机变异率；p 为服从 $(0,1)$ 上均匀分布的随机变量。该式说明，蚂蚁在一次迭代过程中可选择若干条路径，用式（3-39）计算信息素最大的路径上的转移概率，用随机选择的方式，计算潜在的可选路径上的转移概率上述扰动策略是随机性选择和确定性选择的相结合，其中随机性选择使路径的选择和计算上有较强的随机性，确定性选择指蚂蚁会选转移概率最大的那条路径。

3. 基于蚁群优化 BP 神经网络的水文预报模型

1) 对训练样本进行归一化处理

因为输入的物理量不相同，所以在数值上相差很大，因此在计算前要归一化处理输入数据，使其转化到 $0 \sim 1$（对数 S 曲线）之间，归一化变化按以下公式：

$$T = T_{\min} + \frac{T_{\max} - T_{\min}}{X_{\max} - X_{\min}}(X - X_{\min}) \tag{3-43}$$

式中，X 为原始输入数据，$X_{\max}$，$X_{\min}$ 分别为其最大值和最小值；T 为变换后的数据，$T_{\max}$，$T_{\min}$ 分别为设定的最大值和最小值，$T_{\max}$ 通常取 $0.8 \sim 0.9$，$T_{\min}$ 为 $1 - T_{\max}$。

2) 蚁群算法（ACO）对 BP 网络进行优化

首先应用蚁群算法优化 BP 神经网络的初始权值，然后应用该算法对网络样本进行训练，从而使网络输出误差最小，有效改善 BP 神经网络的易陷入局部极小、收敛速度慢等缺陷。具体计算步骤如下所述。

步骤 1：建立 BP 神经网络模型，包括网络层数、每层节点数、待优化权值的取值范围及样本。

步骤 2：初始化蚁群。将参数均匀地离散化，针对离散化后的点进行路径的初始化，构建一条完整的路径。路径上的信息素轨迹强度 $\tau_{ij}(0) = C_0$（C_0 为常数）。定义各参数离散点的组合为蚂蚁走过的路径，即代表问题的一个解。

　　步骤3：蚁群算法的循环迭代。在每次迭代结束后，在（0,1）上产生随机数q，并与利用先验知识探索新路径的相对重要性阈值参数q_0（$0 \leqslant q_0 \leqslant 1$）进行比较。若$q \leqslant q_0$则按式（3-42）对各权值参数进行随机变异，随机变异为新的权值离散点，并把变异后的权值离散点加入集合S中；若$q \geqslant q_0$则按式（3-39）选择权值。

　　步骤4：当所有蚂蚁完成构建后，输入训练样本，根据式（3-40）和式（3-41）对权值参数进行信息素更新。

　　步骤5：将蚁群算法找到的一组最好权值分别作为BP算法的初始权值，计算网络输出和实际输出之间的误差，并将误差由输出层反向传播到输入层，调整权值，若误差达到预定精度要求或满足最大迭代次数T，则算法结束；否则重新选择蚁群转步骤2。

3.4　入库径流的中长期预测

　　采用基于蚁群优化的神经网络模型对滦河下游六水库的入库径流进行预测，分别选取潘家口水库、大黑汀水库、桃林口水库、于桥水库、邱庄水库、陡河水库1975年1月～2000年12月26年的入库径流资料为研究对象，将1975年1月～1995年12月21年的数据作为训练样本，将1996年1月～2000年12月5年的资料用于网络拟合检验，如图3-10～图3-15所示。

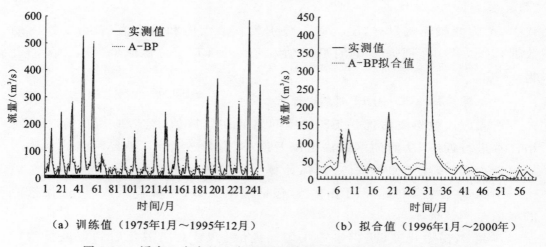

（a）训练值（1975年1月～1995年12月）　　　　（b）拟合值（1996年1月～2000年）

图3-10　潘家口水库月入库流量实测值与训练值和拟合值比较图

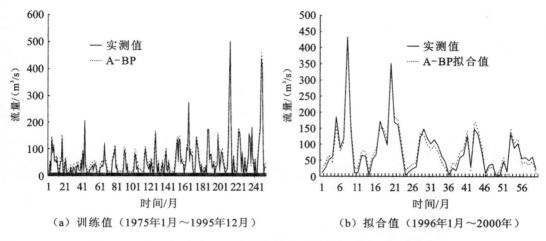

（a）训练值（1975年1月～1995年12月）　　　　（b）拟合值（1996年1月～2000年）

图 3-11　大黑汀水库月入库流量实测值与训练值和拟合值比较图

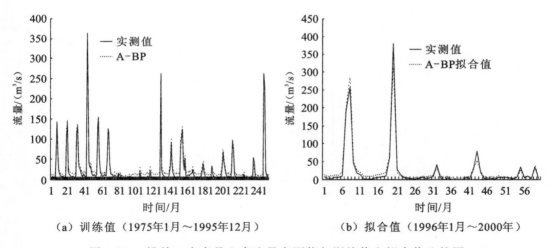

（a）训练值（1975年1月～1995年12月）　　　　（b）拟合值（1996年1月～2000年）

图 3-12　桃林口水库月入库流量实测值与训练值和拟合值比较图

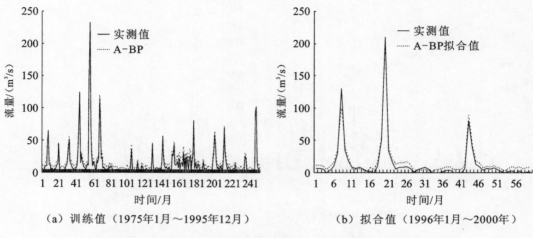

（a）训练值（1975年1月～1995年12月）　　　　（b）拟合值（1996年1月～2000年）

图 3-13　于桥水库月入库流量实测值与训练值和拟合值比较图

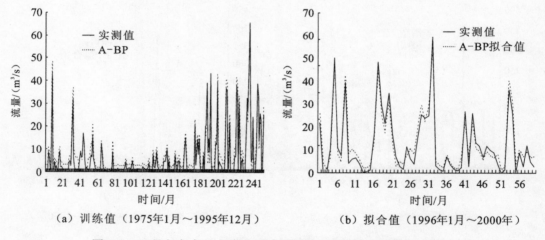

（a）训练值（1975年1月～1995年12月）　　　　（b）拟合值（1996年1月～2000年）

图 3-14　邱庄水库月入库流量实测值与训练值和拟合值比较图

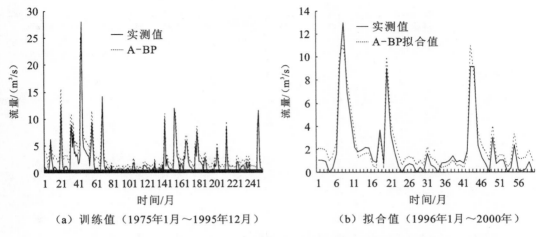

（a）训练值（1975年1月～1995年12月）　　　　（b）拟合值（1996年1月～2000年）

图 3-15　　陡河水库月入库流量实测值与训练值和拟合值比较图

　　对图 3-10 ～ 图 3-15 进行分析可知，本书建立的基于蚁群优化的 BP 神经网络模型是合理可靠的，可对水库径流进行预测；经式（3-30）计算，比较各水库拟合结果与实测值之间的误差，均在 10% 以内，说明训练精度较高，能够满足要求，故可以对水库的径流进行预测。本书对滦河下游潘家口水库、大黑汀水库、桃林口水库、邱庄水库、陡河水库、于桥水库的 2001 ～ 2005 年各月径流进行预测，其结果如表 3-14 所示。

表 3-14　　各水库入库径流预测结果　　　　　　　单位：m³/s

时间（年 - 月）	潘家口水库	大黑汀水库	桃林口水库	邱庄水库	陡河水库	于桥水库
2001-01	4.82	1.06	2.54	3.21	2.58	2.66
2001-02	27.65	7.57	24.93	7.46	0.62	4.33
2001-03	9.69	53.16	3.85	7.64	0.96	0.76
2001-04	23.1	51.51	29.98	2.31	1.75	0.25
2001-05	13.65	137.67	3.98	4.21	1.60	0.45
2001-06	6.91	16.95	5.62	19.18	1.04	1.26
2001-07	3.59	1.95	2.57	11.21	1.02	0.65
2001-08	4.21	44.82	17.54	5.62	0.63	1.25
2001-09	10.35	56.84	6.85	3.48	0.35	0.58
2001-10	5.83	3.66	4.99	3.43	0.46	0.79
2001-11	0.06	4.76	3.65	2.58	0.56	0.54

续表

时间(年 - 月)	潘家口水库	大黑汀水库	桃林口水库	邱庄水库	陡河水库	于桥水库
2001-12	53.34	13.31	2.67	12.81	0.24	1.21
2002-01	119.77	1.92	1.94	0.22	1.02	0.38
2002-02	83.9	5.41	2.06	0.85	5.36	0.31
2002-03	35.92	27.79	2.54	0.67	3.84	0.56
2002-04	35.36	5.47	1.69	4.36	2.17	0.33
2002-05	17.12	0.78	1.30	30.19	1.01	2.21
2002-06	10.58	30.8	31.89	8.42	2.55	4.21
2002-07	6.44	28.68	30.90	7.53	4.00	8.35
2002-08	8.24	17.72	36.99	6.58	5.64	25.77
2002-09	14.6	6.38	13.25	11.12	2.21	5.31
2002-10	13.81	33.57	13.92	5.24	1.17	6.83
2002-11	6.12	42.52	7.55	9.94	0.79	5.43
2002-12	17.95	21.02	4.88	4.75	0.42	3.42
2003-01	16.8	20.21	4.83	3.87	1.29	1.9
2003-02	15.8	17.02	4.06	0.51	1.54	3.15
2003-03	11.34	51.01	4.08	8.64	1.31	0.38
2003-04	18.8	21.55	33.40	4.23	0.60	0.54
2003-05	14.73	84.61	33.66	7.4	0.30	0.85
2003-06	8.76	21.77	3.89	16.53	1.26	0.71
2003-07	5.32	23.22	10.51	5.63	9.49	0.76
2003-08	4.57	64.56	10.88	7.87	3.80	0.49
2003-09	9.51	46.66	4.56	4.76	3.61	0.52
2003-10	21.15	28.86	4.63	3.79	3.87	1.20
2003-11	10.55	12.16	32.90	2.07	0.39	1.32
2003-12	21.56	7.89	25.24	9.56	0.95	1.04
2004-01	38.77	12.03	2.31	0.38	0.85	0.38
2004-02	19.04	9.24	2.41	4.76	1.17	2.69
2004-03	23.56	27.17	3.15	4.27	1.40	0.76
2004-04	46.08	31.56	2.37	1.27	1.01	0.45
2004-05	33.13	24.44	2.11	3.79	0.38	1.35

时间(年-月)	潘家口水库	大黑汀水库	桃林口水库	邱庄水库 DW	陡河水库	于桥水库
2004-06	14.22	11.96	4.00	13.87	0.96	2.73
2004-07	8.99	4.37	5.34	13.37	4.76	1.53
2004-08	9.4	50.07	8.15	23.91	2.08	0.65
2004-09	16.79	5.06	8.38	10.21	2.88	2.01
2004-10	15.12	17.86	20.49	2.98	1.73	2.28
2004-11	7.14	37.21	9.10	4.28	0.76	0.76
2004-12	19.16	23.8	5.27	8.57	0.55	1.32
2005-01	42.68	1.35	3.37	3.4	0.81	1.25
2005-02	32.36	2.13	3.17	1.24	1.32	0.85
2005-03	40.22	5.92	3.65	2.2	1.74	0.64
2005-04	35.76	20.13	3.13	5.54	0.85	0.49
2005-05	23.19	64.05	2.45	23.99	0.22	0.35
2005-06	10.87	28.77	3.27	16.86	0.81	49.72
2005-07	5.78	10.64	6.50	8.55	9.64	26.83
2005-08	5.19	13.89	8.80	10.83	2.98	35.4
2005-09	12.89	65	18.68	3.75	3.24	17.66
2005-10	18.27	52.28	8.59	3.87	3.24	12.63
2005-11	19.61	5.36	6.25	4.36	0.47	6.1
2005-12	51.59	3.69	3.91	3.75	0.90	9.32

3.5 滦河流域需水预测

3.5.1 城市生活需水预测

城市生活需水量主要指城市人口生活的需求量,居民生活用水指维持居民日常生活的家庭与个人用水,通常包括饮水、洗漱、冲洗便器等的室内用水。对未来生活需水量预测离不开城市生活用水的历史与现状。居民生活用水量主要的影响因素有居住的条件、供水普及程度、家庭成员的结构变化、家庭的收支增减情况等。通常随着社会经济发展,用水量将会逐年增加。

1. 天津生活需水预测

天津发展迅速,总人口从 1984 年的 795×10^4 人增加到 2003 年的 926×10^4 人,到 2010 年常住人口数量达到 $1\ 100 \times 10^4$ 人,2020 年全市常住人口可达 $1\ 250 \times 10^4$ 人。

相应生活用水量将从 1984 年的 2.35×10^8 m³ 上升到 4.20×10^8 m³,增加 1.85×10^8 m³,2010 城镇居民的生活用水定额为 129 L/(人·d),2010 年城镇居民的生活需水量为 5.64×10^8 m³,2020 年城镇居民的生活用水定额可采用 144 L/(人·d),用此定额乘 2020 年天津市城镇的人口数,预测 2020 年城镇居民生活的需水量为 7.35×10^8 m³。

城镇生活用水通过采用提高水价、全面的推广节水器具、改造供水体系与改善城市供水管网等的综合措施,有效减少了用水浪费现象。因此,2010 年全市居民生活需水为 5.39×10^8 m³,其中,城镇居民的生活需水为 4.68×10^8 m³,农村居民的生活需水量 0.61×10^8 m³。预测 2020 年全市居民的生活用需水量 6.91×10^8 m³,其中,城镇居民的生活需水量 5.72×10^8 m³,农村居民的生活需水 1.19×10^8 m³。

2. 秦皇岛生活需水预测

秦皇岛市人口由 1995 年 62.8×10^4 人增加到 2000 年的 68.73×10^4 人,到 2010 年以后,秦皇岛市人口的自然增长率下降,但城市规模将进一步扩大,城市人口为 100 万,按多年人口平均增长率的 9‰ 来估计,2020 年城市人口是 110×10^4 人。

2005 年选定海港区的生活用水定额为 170 L/(人·d),选定山海关与北戴河生活用水定额为 140 L/(人·d)。随着生活设施的更加完善,节水设施的逐步先进,人们节水意识会更高,将对人均用水量有一定的影响,2010 年秦皇岛市的人均用水量为 190 L/(人·d),2010 年居民的生活需水量为 2.1×10^8 m³,2020 为 200 L/(人·d)。用此定额乘以 2020 年秦皇岛市城镇的人口数,预测 2020 年居民的生活需水量为 3.2×10^8 m³。

3. 唐山生活需水预测

根据唐山计委发布指标显示,2005 年人口为 172.71×10^4 人;2010 年,京唐港开发区和南堡开发区都达到 10 万人;同时,丰润城关增加的城市人口为 3×10^4 人,增加的农业人口为 1×10^4 人,故唐山市人口达到 189.36×10^4 人;到 2020 年,唐山人口将会达到 198.58×10^4 人。考虑现状生活的用水量基础以及生活水平提高等的因素,城镇居民人均的用水定额可按年平均增长 2～4 L 来考虑。唐山 2010 生活需水 2.95×10^8 m³,预测 2020 年水平年生活需水为 3.5×10^8 m³。

3.5.2　城市工业需水量预测

工业需水主要是指企业在生产的过程中,用来加工、制造、冷却、洗涤、净化等方面用水量。城市的工业需水量多少,不但和工业发展的速度有关,而且和工业结构、节约用水的程度、工业的生产水平、用水的管理水平等因素有关。

本书中城市工业需水不包括第一产业的需水量,只考虑第二产业和第三产业的需水量。第二产业需水量分别按照一般工业与建筑工业来进行预测。同时随着设备的更新、工艺的改进,工业的用水指标将有一定幅度降低。从往年工业的万元产值用水量统计可看出,随着工业节水水平逐渐推广,工业的用水循环利用率会不断提高,工业的万元产值需水量呈逐年递减的趋势。

1. 天津工业需水预测

2003 年天津市工业用水量为 5.35×10^8 m³,占城市总用水量 25.6%。其电力用水为 0.67×10^8 m³,一般工业用水为 4.68×10^8 m³,分别占工业用水的 12.5% 与 87.5%。

1992 年后,随着国民经济进一步发展,到 2003 年,天津市 GDP 年增长率为 12.4%,其工业年增长率平均达 13.23%。一般工业的万元产值耗水量逐步下降,1984 年为 136 m³/万元,到 2003 年为 11.5 m³/万元。火电工业的重复用水利用率达 97%,综合工业的重复用水利用率为 82%。

考虑合理的调整工业布局与工业结构,通过淘汰部分高耗水工艺和设备、限制一些耗水项目、同时鼓励节水技术、设备和器具的研发,重点放在工业内部用水循环重复利用率上,并运用经济手段来推动节水改造,强化企业内部的用水管理并建立三级计量体系等措施后,2010 年天津第二产业需水量为 7.05×10^8 m³,其工业需水量为 6.37×10^8 m³,建筑业需水量为 0.68×10^8 m³;预测 2020 年城市第二产业需水量为 8.25×10^8 m³,其工业需水量 7.91×10^8 m³,建筑业需水量 0.34×10^8 m³。

天津 2003 年工业的万元增加用水定额是 45.4 m³/万元,随着工业的产业结构逐步调整,天津近几年工业万元增加值的用水量呈逐渐下降趋势,2010年的工业万元增加值用水定额为 35 m³/万元,工业需水为 28.09×10^8 m³。2020 年用水定额为 26 m³/万元,预测 2020 年的工业需水为 29.57×10^8 m³。

2. 秦皇岛工业需水预测

秦皇岛市用水量呈明显的递减趋势,工业用水量从 1995 年 7461.7×10^4 m³降到 2000 年的 5389.4×10^4 m³,总体下降的幅度为 27.8%,每年平均下降 4.6%。万元产值的取水量由 1995 年的 64.6 m³ 下降到 2000 年的 41.5 m³,总体下降的幅度为 36.7%,每年平均下降 6.3%。

秦皇岛市第十个五年规划提出,工业生产总值将提高,2010 年秦皇岛工业需水 23.14×10^8 m³,2011～2020 年按 8% 来预测城市工业产值,预测 2020 水平年工业需水为 24.76×10^8 m³。

3. 唐山工业需水预测

依据唐山市计委提出的全市工业总产值的预算指标,城市工业的总产值则按市计委提供的发展比例来统计,2010 年城市工业总产值占全市工业总产值的 27%,唐山市 2010 年的工业用水量为 32.32×10^8 m³;2020 年城市工业总产值占全市工业总产值的 19%,而城市工业总产值为 $2\,305.65 \times 10^8$ 元。目前,唐山市的工业万元产值用水量为 133 m³,据工业用水量预测,到 2020 年将达到 32.17×10^8 m³。

3.5.3 滦河下游农业需水量预测

滦河下游农业灌溉需水由潘家口、大黑汀和桃林口水库供给,其需水量按潘家口历年来水情况和拟定的灌区 25%、50%、75% 三种灌溉制度进行频率的组合。频率组合按三种情况:来水频率小于 37.5% 的年份,配 25% 灌溉制度;来水频率介于 37.5%～62.5% 的年份,配 50% 灌溉制度;来水频率大于 62.5% 的年份,配 75% 灌溉制度,计算出不同典型年逐月灌溉需水过程。其灌区 2010 水平年农业灌溉需水量见表 3-15,2020 水平年农业灌溉需水量见表 3-16。

表 3-15 滦河下游 2010 水平年农业灌溉需水量 单位:$\times 10^4$ m³

月份 ＼ 灌溉制度	25% 灌溉需水量	50% 灌溉需水量	75% 灌溉需水量
1	0	0	0
2	0	0	0
3	8 009	8 561	9 197
4	7 885	8 429	9 006
5	8 086	8 644	8 933
6	9 621	10 285	10 498
7	8 655	9 251	10 237
8	7 764	8 300	9 673

续表

月份＼灌溉制度	25％灌溉需水量	50％灌溉需水量	75％灌溉需水量
9	7 980	8 530	8 956
10	0	0	0
11	0	0	0
12	0	0	0
合计	58 000	62 000	66 500

表 3-16　　滦河下游 2020 水平年农业灌溉需水量　　　　单位：×10⁴ m³

月份＼灌溉制度	25％灌溉需水量	50％灌溉需水量	75％灌溉需水量
1	0	0	0
2	0	0	0
3	7 595	8 285	8 685
4	7 477	8 157	8 505
5	7 668	8 365	8 436
6	9 124	9 953	9 994
7	8 207	8 953	9 667
8	7 363	8 032	9 135
9	7 567	8 255	8 458
10	0	0	0
11	0	0	0
12	0	0	0
合计	55 001	60 000	62 880

参 考 文 献

陈立华,梅亚东,杨娜,等.2009.混合蚁群算法在水库群优化调度中的应用.武汉大学学报:工学版,
　42(5):661-668.

陈元琳.2006.基于人工神经网络的动态系统仿真模型和算法研究.大庆:大庆石油学院:15-37.

范瑛. 2010. 改进蚁群算法结合 BP 网络用于入侵检测. 辽宁工程技术大学学报：自然科学版，29(5)：966-969.

高洁. 2000. 可拓聚类预测方法及其在邮电业务总量预测中的应用. 系统工程，18(3)：73-77.

黄强，畅建霞. 2007. 水资源系统多维临界调控的理论与方法. 北京：中国水利水电出版社.

李彦彬，黄强，徐建新，等. 2008. 基于混沌支持向量机的河川径流预测研究. 水力发电学报，27(6)：42-47.

刘文亮. 2008. 基于遗传蚁群混合算法的水库优化调度研究. 太原：太原理工大学.

梅红，王勇，赵荣齐. 2009. 基于蚁群优化的前向神经网络. 武汉理工大学学报：交通科学与工程版，33(3)：531-533.

莫淑红，沈冰，张晓伟，等. 2009. 基于 Copula 函数的河川径流丰枯遭遇分析. 西北农林科技大学学报：自然科学版，37(6)：131-136.

牛军宜，冯平，丁志宏. 2009. 基于多元 Copula 函数的引滦水库径流丰枯补偿特性研究. 吉林大学学报：地球科学版，39(6)：1095-1100.

尚松浩. 2006. 水资源系统分析方法及应用. 北京：清华大学出版社：192-201.

沈航，邹平. 2006. 可拓聚类预测方法预测卷烟销售量. 昆明理工大学学报：理工版，31(3)：95-98.

孙玉刚. 2007. 灰色关联分析及其应用的研究. 南京：南京航空航天大学.

王晶，刘博，冯艳红. 2008. 蚁群神经网络在短期负荷预测的应用. 计算机工程与设计，29(7)：1797-1837.

王义民，张珏. 2010. 基于混沌神经网络的径流预测模型. 西北农林科技大学学报：自然科学版，38(6)：200-204.

韦艳华，张世英. 2008. Copula 理论及其在金融分析上的应用. 北京：清华大学出版社.

谢华，黄介生. 2008. 两变量水文频率分布模型研究述评. 水科学进展. 19(3)：443-452.

邢文训，谢金星. 2005. 现代优化计算方法. 北京：清华大学出版社：172-193.

熊其玲，何小聪，康玲. 2009. 基于 Copula 函数的南水北调中线降水丰枯遭遇分析. 水电能源科学，27(6)：9-11.

张珏. 2009. 基于非线性理论的石泉和安康水文站径流及洪水规律挖掘. 西安：西安理工大学.

张本伟，陈瑞峰，孙峰. 2009. 基于灰色理论的海浪实时预报. 船舶工程，31：128-130.

庄丹琴，孟飞. 2011. 基于 Bayes 的混合 Copula 构造. 安徽工业大学学报(自然科学版)，28(2)：188-191.

Blum C，Dorigo M. 2004. Deception in ant colony optimization//Ant colony optimization and swarm intelligence. Springer Berlin/Heidelberg，3172：118-129.

Lorenz E N. 1963. Deterministic nonperodic flow. Journal of the Atmospheric Sciences，20：130-141.

第4章 水库群供水优化调度模型与求解算法研究

论述水库群供水联合调度的必要性与可行性,提出水库群联合供水调度的原则。在此基础上,建立水库供水的缺水量最小模型、最大缺水率最小模型和水库群供水经济效益最大模型,并且分别给出各个模型的适应条件。并结合水库群供水调度的特点,将免疫进化算法与粒子群算法有效地耦合起来,提出基于免疫进化的粒子群算法,同时对协同进化遗传算法进行介绍,并把这两种算法应用于水库群供水联合调度的模型求解中。

4.1 引 言

水库群优化调度,从调度目标可分为发电调度、防洪调度、供水调度等,目前,以发电和防洪为主的水库群优化调度已有很多研究(徐向广,2004;原文林等,2009),而以研究供水为主的水库优化调度相对较少。受水资源时空分布不均等因素的影响,很多地区不同程度地出现了供水危机,日益严重的水资源短缺迫使研究水库群联合供水调度,采用非工程措施以充分发挥各水库的调蓄能力,使库中水量得到最优化配置,蓄丰补枯增加枯水期缺水地区的供水量,从而既能保障城市生活用水又最大限度地确保工农业用水,尽量减少缺水造成的损失,使供水区的供水经济效益最大化。

　　水库群联合供水优化调度虽然比单库供水调度复杂得多（王德智等，2007），受很多因素和条件制约，存在复杂的水力补偿关系，但多库联合调度可使弃水量减少总供水量增加，减小供水不足时间和供水区缺水破坏深度，提高广义供水保证率（陈守煜和邱林，1993）。由于目前水库群供水联合调度不像洪水和发电调度发展得那么成熟，主要依靠水文预报、各水库蓄水情况和供水区需水情况进行分配水资源，这些参数都有很大的不确定性，因此需要建立水资源调度管理机制，水库群的联合供水遵循总量控制、统一调度、合理分配，使供水量最大经济效益最优的原则，进一步深入研究水库群供水联合调度，使水库群供水方案具有实时性、可操作性和实用性。

4.2　水库群供水优化调度准则与模型建立

4.2.1　水库群联合优化调度的必要性与可行性

1. 水库群联合优化调度的必要性

　　我国现有水资源非常短缺，水资源已成为制约一些地区国民经济发展的瓶颈，直接影响到一些区域社会经济的可持续发展和人类赖以生存的生态环境。为缓解这一紧张趋势，如何使现有水利工程在满足防洪安全的基础上，进行水库群联合调度，最大限度的蓄丰补枯，提高水资源利用率是目前亟待解决的问题。随着我国水电的快速发展和流域的开发，水库群的规模也越来越大，组成水库群的各库，其水文径流情况和调节性能不同，联合调度是通过调度规则使各库间的水文补偿和库容补偿调节，最终达到提高全水库群的水量利用效益。水库群联合优化调度的必要性主要体现在以下几个方面。

　　（1）可提高水资源的利用率。进行水库群联合优化调度可使"节能调度"顺利实施，同时利用各水库的不同调节周期和性能，进行水库间调水的补偿调节，将水库供水、发电和防洪等情况一起考虑，合理安排水库的蓄水和放水时机，提高水资源利用率，使供水的社会效益和经济效益得到最大化。

　　（2）梯级水库联合优化调度是供水实现区域缺水量最小化的需要。各水库之间的供水效益具有紧密的联系，上游水库的来水和弃水影响和制约着下游水库的供水，如果每个水库单独调度，会使水资源造成极大地浪费，同时水库会出现弃水，降低水资源利用率。从实现区域缺水量最小的角度出发，水库群联合优化运行可以进一步优化各水库的调蓄能力，合理分配供水量和供水时间，实现缺水和损失效益的最优化。

（3）可实行水库群计划供水。通过建立水文预报模型同时参考未来气象预报，对流域未来一段时间的水文信息有一定的掌握，依照流域的中长期、短期水文预报结果，结合供水区的各部门需水量，为水库群供水提供依据，制定相应的水库供水计划，从而使水资源得到充分的利用。

2. 水库群联合优化调度的可行性

在现行先进的技术和设备条件下，水库群联合供水调度是高效的运行管理模式，需要水库管理单位和调度监管部门的支持才能使其联合调度得以顺利进行。

（1）近年来水库群联合调度在国内外已经得到应用，且取得了比较好的调度效果，从而为以后更多的水库群联合调度积累经验，同时随着先进智能技术的发展和应用，以及调度中心的成立，水库群联合调度将得到普遍的应用和发展。所以，目前，我国一些大流域水电开发企业也在积极探索梯级水库联合运行的应用。虽然由于各水库的具体调度和性能不同，水库联合调度也会出现一些问题，但是关于水库调度的统一体系会逐步建立起来，同时借鉴其他流域联合调度的成功经验，结合流域特点，建立适合本流域的水库群优化调度模型，使水库群联合优化调度得以顺利进行。

（2）建立水库群联合优化调度，除了理论上和技术上的发展应用外，还需要有水库调度自动化系统、水文监测系统、通信系统等设施的建设，这些是实现水库群联合调度的设备基础。随着经济社会的发展，这些设备基本上都能具备，为水库群的联合优化调度打下了基础。

4.2.2　水库群联合供水优化调度的原则

水库群供水调度必须遵循先生活，后生产；先城市后农业；先重点后一般；先地表水，后调水的原则。水库群联合调度，必须按统一指挥、合理配置、科学调度的原则，根据水库供水次序先后、量级大小，做到有序有效，充分利用各水库有限水资源，最大限度满足和保证下游供水。同时水库群供水调度，应遵循可高效性、持续性、公平性等原则。

（1）水库群供水的高效性原则。要求供水量需要按用水部门和地区的用水效益的不同进行有次序的供水，以效益由高到低来供给。其中供水效益的大小不仅指经济上，还要考虑环境和社会等的价值。

（2）可持续性利用的原则。对于水资源的开发利用要根据不同地区的水资源情况和经济发展水平，对水资源进行适当的利用，使水资源的循环有可再生性。对它的开发利用要有一定限度，必须保持在它的承载能力之内，以维持自然生态系统的更新利用。

（3）公平供水的原则。实施供水的过程中要考虑不同地区的经济社会发展水平，同时对于不同地区间的环境和资源问题也不容忽视，在不同地区、不同行业和用水部门中按缺水量的不同进行公平合理的供水。

（4）"宽浅式"破坏的原则。在各时段各用水部门和各城市中，不同的缺水量会造成不同的缺水损失。当缺水量很大时，水资源的供需平衡就很难达到，因此为了降低不同地区、不同用水部门的缺水破坏深度，应对其进行均匀地供水，防止某地区某行业集中缺水，造成较大的缺水损失。

（5）水库的调度原则。利用水库工程进行供水，需要考虑水库的调节性能以及当前和未来一段时间的来水，同时对于下游水库的需水也是供水的一个重要因素。关于梯级水库的供水来说，要考虑各水库的调节性能和供水区的缺水程度，合理安排水库的蓄放水次序和蓄放水的水量。一般来说，对于调节性能好的水库要先蓄后放，反之则先放后蓄。

4.2.3　水库群联合供水优化调度模型

为了从某一方面衡量水库群供水调度的运行方式优劣，需要在满足系统约束条件的前提下制定某种评价标准，即水库供水调度的目标。通常采用弃水量最小或缺水量最小为评价标准，尽量满足供水区的需水量。本书分别从缺水量最小、最大缺水率最小、供水经济效益最大几方面来建立水库群联合供水优化调度模型。

1. 缺水量最小模型

1）问题描述

对以供水为主要目标（Turgeon，2005），兼顾其他综合利用的水库群，调度目标是使运行期内缺水损失最小，但累积缺水量最小并不一定保证经济损失最小，若将每次缺水控制在用户需求弹性范围内，则可认为缺水损失与缺水量是线性关系，即缺水量的最小对应缺水损失最小。

2）目标函数

$$\min f = \sum_{i=1}^{N} \sum_{t=1}^{T} (Q_{it} - G_{0i,t} - X_{it}) \tag{4-1}$$

式中，Q_{it} 为 i 水库 t 时段所辖供水区的需水量；$G_{0i,t}$ 为 i 水库 t 时段所辖供水区的当地供水量；X_{it} 为 i 水库 t 时段的供水量；$i=1,2,\cdots,N,t=1,2,\cdots,T,N$ 为水库群数量，T 为供水时段数。

3）约束条件

（1）水量平衡约束：

$$V_{it} = V_{i,t-1} + I_{it} + qq_{it} - X_{it} - Sun_{it} \tag{4-2}$$

式中，$V_{i,t-1}$，V_{it} 为 i 库 t 时段初、末的库容；I_{it} 为 $i-1$ 库向 i 库 t 时段的调水量；qq_{it} 为 i 库 t 时段的天然入流；X_{it} 为 i 水库 t 时段的供水量；Sun_{it} 为 i 库 t 时段的损失水量。

（2）水库库容约束：

$$V_{it,\min} \leqslant V_{it} \leqslant V_{it,\max} \tag{4-3}$$

式中，$V_{it,\min}$，$V_{it,\max}$ 为 i 库 t 时段允许的最大最小库容。$V_{it,\min}$ 一般为死库容，$V_{it,\max}$ 允许的最大库容，非汛期一般为正常蓄水位下的库容，汛期为防洪限制水位下的库容。

（3）可供水量约束：

$$X_{it,\min} \leqslant X_{it} \leqslant X_{it,\max} \tag{4-4}$$

式中，$X_{it,\min}$，$X_{it,\max}$ 为 i 库 t 时段最小最大可供水能力。

（4）需水量约束：

$$0 \leqslant X_{it} \leqslant Q_{it} - G_{0i,t} \tag{4-5}$$

式中参数含义同上。

（5）变量非负约束。

4）模型适用条件

缺水量最小模型不能反映供水的破坏深度和供水过程的优劣及水资源系统的运行管理真实情况。因此，需要研究其他目标和模型。

2. 最大缺水率最小模型

1）问题描述

水库供水优化调度，一般可选相对缺水率最小为目标函数，但是该目标是一个累计值，不能反映供水的破坏深度和供水过程优劣，可根据水量在时空分配的均匀性，充分的发挥水库调蓄能力，在计算时段 T 内，选择时空均匀的供水过程为水库群供水调度的目标函数，即供水过程中最大的某时段缺水率最小。

2）目标函数

$$f(x) = \min \max_{it} \left[(Q_{it} - G_{0i,t} - X_{it})/Q_{it} \right] \tag{4-6}$$

式中参数含义同式（4-1）

3）约束条件

约束条件同缺水量最小模型。

4）模型适用条件

最大缺水率最小模型，可使供水区的供水过程和缺水损失均匀，不至于为了满足前一时段的需水使某个时段的缺水非常严重，可减轻缺水破坏深度、提高供水过程的均匀性,有效地减少最大破坏深度。

3. 水库群供水效益最大模型

1)问题描述

水库优化调度模型以某种实物产出最大或最小为目标,实际上实物指标最大与效益最优并不等价。随着某种实物产出量的增加,其单位实物产出带来的效益是递减的,这就是边际效益递减律(邱林和陈守煜,1993)。因此,在水库供水优化调度中可以建立库群供水效益最大模型,使经济性和可靠性问题同时得到解决。

2)目标函数

$$\max f(x) = \sum_{i=1}^{m}\Big[\int f_i\Big(x_{i0}+\sum_{j=1}^{n}x_{ij}\Big)\Big] \tag{4-7}$$

式中,$f(x)$ 为库群供水效益;$f_i(x)$ 为 i 供水区工业用水边际效益;x_{i0} 为 i 供水区时段初工业用水供水量(自有资源配给的水量);x_{ij} 为水库在时段 j 给 i 供水区工业用水的供水量;$i=(1,2,\cdots,m)$ 为不同的受水区;$j=(1,2,\cdots,n)$ 为水库供水不同的时段数。

3)约束条件

约束条件同缺水量最小模型。

4)模型适用条件

与前两个模型相比,水库群供水效益最大模型需要的供水区资料更多,尤其是对供水区生活、工业、农业供水的单方用水效益以及增加供水量产生的相应效益要求会更详细些。

4.3　水库群供水优化调度模型的求解算法研究

水库群供水优化调度是一个具有各类约束条件的大型、动态的复杂非线性系统的优化问题(Fjerstad et al.,2005;Chang et al.,2005),国内外学者进行了一些研究,主要包括动态规划法(dynamic programming,DP)、逐次优化法(progressive optimization algorithm,POA)(宗航等,2003)、差分演化算法(differential evolution algorithm,DEA)(黄强等,2008)、禁忌搜索法(tabu searching,TS)(张晓菲和张火明,2010)等。当水库数目超过两个时,通常会出现“维数灾”,使模型的求解陷入局部最优,近年来一些生物智能算法在求解非线性复杂优化问题上显示了明显的优越性,如遗传算法(genetic algorithm,GA)(赵文举等,2009)、蚁群优化算法(ant colony optimization,ACO)、免疫进化算法（immune evolutionary algorithm，IEA）、粒子群优化算法（particle swarm optimization，PSO）等，在解决不同优化问题中存在各自优缺点。因此，将这些智能算法有效地耦合起来，应用到水库群供水优化调度中，使水库供水调度更符合实际的运行，具有可操作性、实用性和预见性。下面分别介绍基于免疫进化的粒子群算法和协同进化遗传算法，并将其应用在滦河下游水库群联合供水优化调度中。

4.3.1　基于免疫进化的粒子群优化算法

粒子群优化算法（particle swarm optimization，PSO）作为一种高效并行优化方法，能够实现复杂空间中最优解的搜索分析，适用于求解一些非线性、不可微、多目标的复杂优化问题，但优化程度得不到保证，易陷入局部最优，且对初始种群有较大依赖性。免疫进化算法具有高度的全局性（万芳等，2011a），但其局部搜索效果较差，且常出现进化缓慢的现象。因此，本书提出基于免疫进化的粒子群优化算法（IEA-PSO），利用免疫进化算法的全局搜索特点，弥补粒子群算法的不足。

1. 粒子群优化算法的基本原理

粒子群优化算法是根据个体（粒子）的适应度（fitness value）大小进行操作，是一个自适应过程，粒子的位置代表被优化问题在搜索空间中的潜在解。粒子在空间中以一定的速度飞行，这个速度根据它本身的飞行经验以及同伴的飞行经验进行调整，决定它们飞翔的方向和距离。PSO 初始化为一群随机粒子（随机解），然后通过迭代来找到最优解。在每一次迭代中，粒子通过跟踪两个"极值"来更新自己，一个是个体极值 p_{best}，即粒子目前找到的最优解；另一个是全局极值 g_{best}，即整个种群目前找到的最优解。

设 M 为种群规模，m 为种群中个体的编号。j 为粒子的第 j 维，$j = 1$，$2, \cdots, J$；$x(k_s)$ 为第 k_s 代种群；$X_m = (x_{m1}, x_{m2}, \cdots, x_{mj})$ 为粒子 m 在第 j 维空间中的当前位置，$V_m = (v_{m1}, v_{m2}, \cdots, v_{mj})$ 为粒子 m 在第 j 维空间中的当前飞行速度；p_{mj} 为粒子 m 在第 j 维空间中所经历的最好位置，p_{gj} 表示所有粒子经历过的最好位置。

基本粒子群算法的进化方程可描述为

$$\begin{cases} v_{mj}(k_s+1) = w v_{mj}(k_s) + c_1 r_{1j}(k_s)[p_{mj}(k_s) - x_{mj}(k_s)] + c_2 r_{2j}(k_s)[p_{gj}(k_s) - x_{mj}(k_s)] \\ x_{mj}(k_s+1) = x_{mj}(k_s) + v_{mj}(k_s+1) \end{cases}$$

$$(4-8)$$

式中，c_1、c_2 为加速常数，通常在 $0 \sim 2$ 间取值；w 为惯性权重，通常在 $0.4 \sim 0.9$

间取值,本书取 0.5;r_1、r_2 为 0 ～ 1 间随机数。

由上式中的粒子群算法的进化方程可以看出,为了减少粒子在进化中偏离搜索空间的概率,v_{mj} 应限制在一定的区间内,可使 $v_{mj} \in [-v_{max}, v_{max}]$;$c_1$ 为调整粒子的最优位置方向的步长,c_2 为调整粒子向全局最优位置飞行的步长;其中,为了使粒子群维持运动的惯性,加入了惯性权重 w,可以扩大粒子群的搜索空间。当惯性权重 w 较小时,算法具有较好的局部收敛能力,反之惯性权重 w 较大时,算法具有较好的全局收敛能力,所以,在粒子群算法的晚期,随着惯性权重的减少,其局部收敛能力会较强。在 Shi(1998) 的研究中,惯性权重 w 可表达为

$$w(t) = 0.9 - \frac{t}{\text{MaxNumber}} \times 0.5 \tag{4-9}$$

式中,t 表示迭代的次数,MaxNumber 表示为最大的迭代代数。可将惯性权重 w 视为迭代代数的函数,从 0.9 到 0.4 线性减少(曾建潮等,2004)。

通过对粒子群优化算法的分析(Lin et al.,2008)发现:① 粒子群优化算法在运行过程中,如果某粒子发现了一个当前最优位置,其他粒子将迅速向其靠拢。如果该最优位置是局部最优点,粒子群就无法在解空间内重新搜索,因此,算法易陷入局部最优,出现早熟现象;② 粒子群优化算法的寻优速度和计算精度,与初始种群的选择有很大关系,若初始种群中有一定比例的可行解,可以加快算法的收敛速度,提高求解精度。

对粒子群算法的改进,大多是通过与遗传算法结合(黄文雅,2007)或选择惯性权重来解决。但遗传算法的选择、杂交、变异方式以及参数选择均需经验确定,易出现早熟收敛;Eberhart 和 Shi(1998) 就提出了惯性权值线性递减的 PSO 算法,对 PSO 算法性能有了明显的改进,但这种线性递减惯性权值只与算法迭代次数有关,不能真实反映算法在运行过程中的复杂的、非线性变化的特性。而免疫进化算法以概率 1 收敛到全局最优解(王顺久等,2007),参数设置简单,较少依赖人的经验。结合粒子群算法与免疫进化算法的特点,本书提出基于免疫进化算法的粒子群优化算法,充分利用免疫进化算法的全局搜索能力进行全局搜索,然后将所得最优个体作为粒子群算法的初始解进行继续优化,得到近似最优解。

2. PSO 应用在水库供水调度中的关键技术问题

选取梯级水库的总库容为决策变量,将所有水库的库容按时间和编号顺序连接起来组成一个粒子,位置向量如式(4-10)所示,速度向量是各水库各时段库容的变化速度,如式(4-11)所示,$V_{n,t}$ 表示水库 n 在 t 时段末库容,$V_{n,t}$ 是水库 n 在 t 时段的库容变化速度。在求解模型时,每个粒子的位置向量对应着一个调度方案。

$$V = (V_{1,1}, V_{1,2}, \cdots, V_{1,T}, V_{2,1}, V_{2,2}, \cdots, V_{N,1}, V_{N,2}, \cdots, V_{N,T}) \qquad (4\text{-}10)$$

$$v = (v_{1,1}, v_{1,2}, \cdots, v_{1,T}, v_{2,1}, v_{2,2}, \cdots, v_{2,T}, \cdots, v_{N,1}, v_{N,2}, \cdots, v_{N,T}) \qquad (4\text{-}11)$$

在求解水库优化调度中,速度与位置更新公式如下:

$$v_m(k_s) = wv_m(k_s - 1) + c_1 r_1 [V_{m,pbest}(k_s) - V_m(k_s - 1)]$$
$$+ c_2 r_2 [V_{gbest}(k_s) - V_m(k_s - 1)] \qquad (4\text{-}12)$$

$$V_m(k_s) = V_m(k_s - 1) + V_m(k_s) \qquad (4\text{-}13)$$

式中,$v_m(k_s)$,$V_m(k_s)$ 分别为第 m 个粒子第 k_s 代的速度向量和位置向量;$V_{m,pbest}(k_s)$ 为第 m 个粒子到第 k_s 代为止,最优适应度(粒子 m 所经历的最好位置)对应的位置向量(库容序列);$V_{gbest}(k_s)$ 为第 k_s 代为止,粒子群最优适应度(群体中所有粒子所经历的最好位置)对应位置向量。其他变量或符号意义同式(4-8)相同。在迭代过程中,如果计算出的速度超过了最大限速,即 $v > v_{max}$ 或 $v < -v_{max}$,则将其值设为 $v = v_{max}$ 或 $v = -v_{max}$;如果粒子的某一维的位置超过了初始粒子的生成空间,则取其极值代替。

3. 免疫进化算法的基本原理

免疫进化算法是在生物免疫机制的启发下,提出的一种新的进化算法。算法中最优个体(抗体)即为每代适应度最高的可行解,当有抗原入侵时,与之相匹配的抗体被激发(免疫应答)使得有用的抗体一旦产生,就能得以保留。该算法实施了精英保留策略,且充分利用每代最优个体的信息。

设 P 为种群规模,p 为种群中个体的编号,D 为个体的长度,d 为个体中免疫细胞的编号;$X(k)$ 为第 k 代种群,$X(k) = [X_1(k), \cdots, X_p(k), \cdots, X_p(k)]$,$X_p(k)$ 为第 k 代种群中第 p 个个体,$X_p(k) = [x_p^1(k), \cdots, x_p^d(k), \cdots, x_p^D(k)]$;$x_{best}^d(k)$ 为第 k 代中种群中最优个体的编号为 d 的免疫细胞,$F(\cdot)$ 为个体的适应度评价函数。

借鉴生物免疫机制,免疫进化算法中由父代生成子代的方式如下式所示:

$$\begin{cases} x_p^d(k+1) = x_{best}^d(k) + \sigma_p^k \times N(0,1) \\ \sigma_p^{k+1} = \sigma_\varepsilon + \sigma_p^0 e^{-\frac{Ak}{K}} \end{cases} \qquad (4\text{-}14)$$

式中,σ_p^0 和 σ_p^k 分别为初始种群与第 k 代种群中第 p 个个体的标准差;A 为标准差动态调整系数;σ_ε 为收敛基数;$N(0,1)$ 为产生的服从标准正态分布的随机数;k 为进化的代数;K 为总的进化代数。

其中标准差的动态调整是免疫进化算法的重要技术环节,它的变化直接决定了群体的多样性。标准差衰减较快,则会使群体失去多样性,算法易陷入局部最优解。因此标准差的调整方式对于算法的成败具有举足轻重的作用。结合梯级水库优化调度的特点,本书采用混合调整法即指数调整与双曲调整的算术平均,使标准差的变化比较平缓,能够较好地进行全局搜索,具体如下式所示：

$$\sigma_p^{k+1} = \sigma_\varepsilon + \frac{\sigma_p^0 e^{-\frac{Ak}{K}} + \dfrac{1}{\alpha + \beta k}}{2} \tag{4-15}$$

式中，$\alpha > 0$、$\beta > 0$ 均为参数，其他各参数的含义同式（4-14）。

结合式（4-14）与式（4-15），免疫进化算法的进化操作如下式所示：

$$\begin{cases} x_p^d(k+1) = x_{best}^d(k) + \sigma_p^k \times N(0,1) \\[2ex] \sigma_p^{k+1} = \sigma_\varepsilon + \dfrac{\sigma_p^0 e^{-\frac{Ak}{K}} + \dfrac{1}{\alpha + \beta k}}{2} \end{cases} \tag{4-16}$$

4. 免疫 - 粒子群算法（IPSO）的改进

在算法初期采用免疫进化算法进行全局搜索，根据粒子群中设置的群体规模 M 来确定免疫进化算法的进化代数 K，即使得 $K = M$，将免疫进化算法中每次迭代生成的最优 M 个个体作为粒子群算法的初始粒子。同时取免疫进化算法中最优的个体作为粒子群群体中的邻域极值，并根据粒子群中各个粒子与邻域极值的差异来确定各个粒子的初始速度，其确定原则是：距离邻域极值越近的粒子初始速度越小，越远的粒子初始速度越大。然后再利用粒子群算法进行局部搜索，以加快算法后期的收敛速度。

设 IEA 迭代 K 次的每代最优个体记为 $V^k(m)$，代表 PSO 的一个初始解。其中 $V^k(m)$ 的元素 $V_{n,t}^k(m)$ 表示 n 水库 t 时段末的库容，向量元素 $v_{n,t}^k(m)$ 表示寻优过程中 n 水库 t 时段末库容变化量。m、n、k 分别表示 PSO 粒子编号、水库编号和 IEA 迭代次数。则：

$$V^k(m) = [V_{1,1}^k(m), \cdots, V_{1,T}^k(m), V_{2,1}^k(m), \cdots, V_{n,t}^k(m), \cdots, V_{N,T}^k(m)] \tag{4-17}$$

$$v^k(m) = [v_{1,1}^k(m), \cdots, v_{1,T}^k(m), v_{2,1}^k(m), \cdots, v_{n,t}^k(m), \cdots, v_{N,T}^k(m)] \tag{4-18}$$

5. 免疫 - 粒子群算法中参数设置

粒子群优化算法中：群体规模 M 取 $3 \sim 8$ 倍的解空间维数，惯性权重 w 变换范围（$0.4 \sim 0.9$），加速常数 c_1、c_2 通常在 $0 \sim 2$ 间取值，r_1、r_2 为 $0 \sim 1$ 之间的随机数。免疫进化算法中：群体规模 P 取 $3 \sim 5$ 倍的解空间维数，参数 A 和 σ_p^0 的取值根据研究的问题来确定，通常 $A \in (1,10)$，$\sigma_p^0 \in (1,3)$，收敛基数 σ_ε 在应用中可取 0。

6. 免疫进化的粒子群算法的梯级水库供水优化调度步骤

本书应用 IEA-PSO 对水库群的供水优化调度进行求解。下面为其具体的计算步骤。

步骤 1：设定免疫进化算法中的参数 P、A、σ_ε、α、β，并且初始化算法中群体，将水库库容作为决策变量，则随机生成初始水库库容种群 $V(0)$。

步骤 2：由水库群供水优化调度的目标函数作为评价函数对种群中各个个体进行评价，并令 $V(0)$ 中的最优个体为 $V_{best}^d(0)$。

步骤 3：进化操作。对 $V(k)$ 中的每个个体 $V_i(k)$ 按照式（4-16）进行进化操作，在解空间内生成子代群体，群体规模仍然保持为 P。

步骤 4：最优个体选择。计算各子代函数评价值，确定最优个体 $V_{best}^d(k+1)$，并由其大小判断父代与子代两者的取舍，若 $E[V_{best}^d(k+1)] > E[V_{best}^d(k)]$，则选择最优个体为 $V_{best}^d(k+1)$，否则选择最优个体为 $V_{best}^d(k)$。

步骤 5：如果 $k+1$ 已经达到预设进化代数，则停止并记录每代生成个体 $V^k(m)$，否则，置 $k=k+1$ 转步骤 2。

步骤 6：将免疫进化算法中生成的 M 个个体最好值 $V^k(m)$ 作为粒子群算法的初始粒子，并对各个粒子的速度进行初始化，计算粒子的适应度，并挑选出最优粒子。

步骤 7：根据式（4-12）和式（4-13）更新粒子的速度和位置。

步骤 8：判断更新后粒子是否满足约束条件式（4-2）～ 式（4-5），若不满足，则重新选择一组粒子。

步骤 9：判断库容连续变化情况，如变化较小，则进行自适应更新。

步骤 10：计算更新后粒子的适应度，比较选择，记录粒子的个体最优位置和全局最优位置。

步骤 11：判断是否满足最大迭代次数，如满足退出循环，输出最优解，否则返回步骤 7。

4.3.2 协同进化遗传算法

1. 协同进化遗传算法的基本原理

遗传算法（Reis et al.，2006）是 20 世纪 70 年代初期由美国的 Michigan 大学 Holland 教授提出的一类基于自然选择和群体遗传机制具有全局优化性、并行性的智能搜索算法，它模拟了自然遗传过程中的繁殖、杂交和突变现象，将问题的每一个可能的解都编码成一个"染色体"（个体），每个个体都被评价优劣并得到其适应值。协同进化遗传算法考虑个体之间及个体与环境之间的关系，种群间个体进化受其他个体及进化环境的影响，在进行个体评价时，需要利用其他种群的部分个体信息，构成完整的决策变量编码，再利用适应度函数进行评价，使遗传算法在解决复杂的优化问题时效率得到提高。

水库群供水优化调度是一个具有各类约束条件的大型、动态的复杂非线性系统的优化问题，如何协调各种约束之间的关系，成为研究的难点与热点问题。在约束算法中，惩罚技术用来在每一代的种群中保持部分不可行解，使遗传搜索可以从可行域和不可行域两边来达到最优解。如何设计一个好的罚函数 $P(x)$，直接影响到那些距离最优解很近的不可行解能否进入下一代的进化，从而能有效地引导遗传搜索达到解空间的最好区域。利用罚函数方法处理约束问题时，其性能很大程度上取决于罚因子的选择（万芳等，2011）。典型的罚函数如式（4-19）所示：

$$P(x) = \sum_{i=1}^{n} r_i \times G_i(x) + \sum_{j=1}^{p} s_j \times H_j(x) \qquad (4\text{-}19)$$

式中，$G_i(x)$ 和 $H_j(x)$ 分别表示优化问题中不等式约束和等式约束相对应的违反量的函数；n 和 p 分别表示优化问题中不等式约束和等式约束的个数；r_i 和 s_j 分别表示相应的罚因子。

　　针对遗传算法在求解水库群供水优化调度这一实际问题中罚函数设计的不足，提出了基于协进化的遗传算法。其基本思路是在算法中包含了两类种群，一类种群用于进化决策解，该类种群包含 M_1 个子种群 $X_j(j = 1, 2, \cdots, M_1)$，子种群的规模均为 M_2，种群中的每个个体 $x_i(i = 1, 2, \cdots, T \times m)$ 则表示问题的一个决策解；另一类种群 Y 用于进化 X_j 中的罚函数因子，种群的规模也为 M_1，其中每个个体 $y_j(j = 1, 2, \cdots, M_1)$ 代表一组罚因子。X_j 中的每个个体利用 y_j 表示的罚因子计算罚函数，从而计算该个体种群的适配值，并连续采用遗传算法进化 $k'(k = 1, 2, \cdots, K')$ 代获得一个新的种群 X_j；然后，根据 X_j 中所有解的优劣信息，评价 Y 中个体 y_j 的优劣，即评价罚因子；当 Y 中所有个体 y_j 均得到评价后，Y 采用遗传算法进行优化下一代，从而获得新的种群 Y。在一代协进化结束后，X_j 再分别用新的 Y 进行评价计算，直到满足算法终止条件。通过比较所有 X_j 得到的历史最优解作为所求解，同时 Y 中所对应的最优个体即为最佳罚因子。

2. 决策个体的评价函数

　　在式（4-19）所示的罚函数中，仅仅计算了个体违反约束的总量，而没有充分利用不可行解违反约束的信息。对于只违反一个约束和违反两个约束的个体，其违反约束的总量可能相同，而实际上前者可能更靠近可行域。若罚函数既是违反约束数量的函数，又是违反约束程度的函数，则其效果要比罚函数仅为约束数量的函数情况好（李可等，2010）。鉴于上述情况，采用式（4-20）作为决策群 X_j 中个体 i 的评价函数的适配值函数。

$$F_i(x) = f_i(x) - sum \times \omega_1 - num \times \omega_2 \qquad (4\text{-}20)$$

式中，$f_i(x)$ 表示优化问题的目标函数；sum 表示该个体违反约束的总量；num 表示该个体违反约束的个数；ω_1 和 ω_2 是 Y 中个体 y_j 所对应的罚因子。其中 sum 按式（4-21）进行计算。

$$sum = \sum_{i=1}^{N} G_i(x) \quad \forall G_i(x) > 0 \tag{4-21}$$

式中，N 表示所有不等式的总数，在此所有等式约束已转化为不等式约束。

3. 罚因子的评价函数

Y 中的每一个个体 y_j 均代表一组罚因子，即 ω_1 和 ω_2，当 X_j 进化 k' 代后，Y 中个体 y_j 按照下述方法进行评价。

（1）若 X_j 中至少有一个可行解，则称 y_j 为一个有效个体，并按式（4-22）进行评价

$$P(y_j) = \frac{1}{num_{fit} + \sum_{i=1}^{num_{fit}} F_i(x)} \tag{4-22}$$

式中，num_{fit} 表示 X_j 中所有可行解的个数，$\sum_{i=1}^{num_{fit}} F_i(x)$ 表示 X_j 中所有可行解的适配值的总和。

式（4-22）在评价罚因子时，综合考虑了对应解群中可行解的数量和质量。一方面可行解的总目标值 $\sum_{i=1}^{num_{fit}} F_i(x)$ 越大，使得 $P(y_i)$ 越小；另一方面，可行解数量 num_{fit} 越多，也使得 $P(y_i)$ 越小。如此，有利于 X_j 向着可行解数量多而且目标值好的区域进化。

（2）若 X_j 中没有可行解（可认为因罚函数过小所致），则称 y_j 为无效个体，并按式（4-23）进行评价：

$$P(y_i) = \max(F) + \frac{\sum sum}{\sum num} + \sum num \tag{4-23}$$

式中，$\max(F)$ 表示 Y 中所有有效个体的最大适配值；$\sum sum$ 表示 X_j 中所有个体违反约束的总量；$\sum num$ 表示 X_j 中所有个体违反约束的总数。对于种群 X_j 而言，$\sum sum$ 和 $\sum num$ 越小，使得 $P(y_i)$ 越小，即罚因子相对较好，有利于 X_j 向着搜索空间中违反约束个数少以及违反量小的方向进化。

4. 协同进化遗传算法的改进技术

结合水库群供水优化调度和遗传算法的特点，在此提出几点改进措施，以提高 CGA 算法的计算精度与计算效率。

1）约束违反量的归一化处理

在计算不可行解违反约束的总量时，若简单地将各个约束违反量相加，由于各个约束之间尺度的不同，可能某一约束违反量会在总量中占主导地

位,从而无法体现对其他约束的违反程度。鉴于上述情况,在计算 $\sum \text{sum}$ 时,可按下式对每个约束的违反量进行归一化计算。

$$\sum \text{sum} = \sum_{i=1}^{N} \frac{G_i(x_j)}{\max[G_i(x_j)]} \tag{4-24}$$

式中,$\max[G_i(x_j)]$ 表示在每代进化中所有个体对第 i 个约束的最大违反量。经过上述处理,不同约束的违反量均被限制在 $[0,1]$。

2) 交叉率和变异率

用不变的交叉率 P_c、变异率 P_m 控制遗传进化,容易导致"早熟"。故应用自适应的 P_c、P_m 控制遗传进化:

$$P_c = 1/(1 + e^{-k_1 \Phi}) \tag{4-25}$$

$$P_m = 1 - 1/(1 + e^{-k_2 \Phi}) \tag{4-26}$$

式中,$k_1, k_2 > 0$;Φ 为评价个体早熟程度的指标,$\Phi = F_{\max} - \overline{F}_{\text{avg}}$,其中 $F_{\max}$ 为最大适应度,$\overline{F}_{\text{avg}}$ 为大于平均适应度个体的平均适应度。

3) 精英个体保留策略

在每个种群的外边单独设置一个变量,用来记录"当前最好"个体(即"精英")。在第一代进化完成后,其中最优秀的个体被复制到"当前最好"个体。在以后的每代进化完成,计算出各个体的适应度,分别找出最优和最差的个体。再把最优个体与"当前最好"个体进行比较。如果前者比后者还优秀,则用前者覆盖后者,作为新的"当前最好"个体。总是把"当前最好"个体替换该代的最差个体。这样能更好地改善遗传算法的收敛。

CGA 算法是种群与种群之间在进化过程中的协调关系,不但考虑了个体之间的竞争,还考虑了个体之间的协作,种群之间的进化过程是相互影响、相互协调、相互进化的过程。CGA 算法通过表征决策解和罚因子的两类种群的基于 GA 算法的协同进化,自适应地调整罚因子,并最终得到约束优化问题的最优解,CGA 算法的流程如图 4-1 所示。

5. 改进协同进化遗传算法(CGA)的水库供水优化调度研究

本书应用 CGA 算法对水库群供水优化调度进行求解。各种群均采用实数编码,且两类种群采用同样的遗传操作。把水库在时段 t 允许的水位变化区间分成 m 等分,并按从小到大的次序用整数 $1, 2, \cdots, m, m+1$ 表示,个体的每一向量(基因)即为水库水位的真值,即

$$Z_t = Z_{t,\min} + N_{\text{rand}} \frac{Z_{t,\max} - Z_{t,\min}}{m} \tag{4-27}$$

式中,$Z_{t,\max}$,$Z_{t,\min}$ 分别为时段 t 水库水位的最大值和最小值;m 为控制精度的整数;N_{rand} 为小于 m 的随机数。

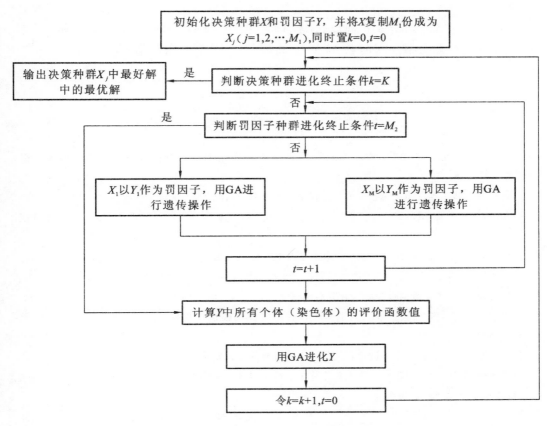

图 4-1　CGA 算法流程图

下面为计算的具体步骤。

步骤 1：决策种群的初始化。给算法参数赋值，以梯级水库上游水位为 Z 决策变量，其维数为水库数目与时段数目之乘积；随机生成初始水库上游水位种群 Z，种群规模为 L_1，并复制 L_2 份为种群 M。

步骤 2：罚因子种群的初始化。罚因子为 ω_1, ω_2，含有 L_2 组的罚因子的种群 Y 随机的生成，$Y_J = (\omega_{1,J}, \omega_{2,J})(J = 1, 2, \cdots, L_2)$。

步骤 3：决策种群的遗传操作。对决策种群 M 中的各个子种群 Z 分别以种群 Y 中相同编号的个体作为罚因子，应用 GA 算法进行进化，直至达到设定迭代步数。

步骤 4：罚因子种群的遗传操作。利用式（4-22）和式（4-23）计算种群 Y 中所有个体的适配值，并应用 GA 算法对种群 Y 进化下一代，从而获得新的罚因子种群 Y。

步骤 5：算法的迭代。在一代协进化结束后，返回步骤 3，直至达到算法的收敛准则。

步骤 6：最优解的输出。通过比较种群 M 中所有得到的历史最好解，将最优者作为最终解输出，同时种群 Y 中的最优个体即为最优罚因子。

参 考 文 献

陈立华,梅亚东,董雅洁,等.2008.改进遗传算法及其在水库群优化调度中的应用.水利学报,39(5):550-556.

陈守煜,邱林.1993.水资源系统管理的广义保证率与多目标模糊优化.水科学进展,4(3):215-220.

黄强,张洪波,原文林,等.2008.基于模拟差分演化算法的梯级水库优化调度图研究.水力发电学报,27(6):13-17,26.

黄文稻.2007.基于改进 PSO 调度模型的水电站发电量分析.西北水力发电,23(2):23-26.

李可,马孝义,符少华.2010.基于改进遗传算法的水电站优化调度模型与算法.水力发电,36(1):92-96.

慕彩红.2010.协同进化数值优化算法及其应用研究.西安:西安电子科技大学.

邱林,陈守煜.1993.相对效益最大准则与多目标水库随机模糊优化调度模型.大连理工大学学报,33(4):470-476.

涂启玉,梅亚东.2008.基于改进遗传算法的溪洛渡水库优化调度研究.水电能源科学,26(3):39-42.

万芳,原文林,黄强,等.2010.基于免疫进化算法的粒子群算法在梯级水库优化调度中的应用.水力发电学报,29(1):202-206,212.

万芳,邱林,黄强.2011a.水库群供水优化调度的免疫蚁群算法应用研究.水力发电学报,30(5):234-239.

万芳,黄强,原文林,等.2011b.基于协同进化遗传算法的水库群供水优化调度研究.西安理工大学学报,27(2):139-144.

王德智,董增川,童芳.2007.基于 RAGA 的供水库群水资源配置模型研究.水科学进展,18(4):586-590.

王民生.2005.禁忌搜索算法及其混合策略的应用研究.大连:大连交通大学.

王顺久,张欣莉,倪长键,等.2007.水资源优化配置原理及方法.北京:中国水利水电出版社:156-170.

徐向广.2004.滦河中下游水库群联合防洪调度问题的研究.天津:天津大学.

杨聪辉,游进军.2008.水库联合调度供水的探讨.南水北调与水利科技,6(5):60-62.

原文林,黄强,万芳,等.2008a.梯级水库联合优化调度的差分演化算法研究.水力发电学报,27(5):23-27.

原文林,黄强,王义民.2008b.最小弃水模型在梯级水库优化调度中的应用.水力发电学报,27(3):16-21.

曾建潮,介婧,崔志华.2004.微粒群算法.北京:科学出版社.

张庆华,颜宏亮,宋学东,等.2006.多水库联合供水的优化调度方法.人民长江,37(2):30-32.

张晓菲,张火明.2010.基于连续函数优化的禁忌搜索算法.中国计量学院学报,21(3):251-256.

赵文举,马孝义,张建兴,等.2009.基于模拟退火遗传算法的渠系配水优化编组模型研究.水力发电学报,28(5):210-214.

赵永翔. 2007. 多目标差分演化算法的一构造及其应用. 武汉:武汉理工大学.

周杰清. 2007. 多库联合调度供水的优越性分析. 水电站设计,23(1):53-55.

宗航,李承军,周建中,等. 2003. POA 算法在梯级水电站短期优化调度中的应用. 水电能源科学,21(1):46-48.

Banks A,Vincent J,Anyakoha C. 2007. A review of particle swarm optimization. Part I:background and development. Natural Computing,6(4):467-484.

Chang F J,Chen L,Chang L C. 2005. Optimizing the reservoir operating rule curves by genetic algorithms. Hydrological Processes,19(11):2277-2289.

Fjerstad P A,Sikandar A S,Cao H,et al. 2005. Next generation parallel computing for large-scale reservoir simulation. Proceedings of the SPE International Improved Oil Recovery Conference in Asia Pacific:33-41.

Lin Y L,Chang W D,Hsieh J G. 2008. A Particle swarm optimization approach to nonlinear rational filter modeling. Expert Systems with Applications,34(2):1194-1199.

Reis L F,Bessler F T,Walters G A,et al. 2006. Water supply reservoir operation by combined genetic algorithm-linear programming(GA-LP) approach. Water Resources Management,20:227-255.

Shi Y,Eberhart R. 1998. A Modified Particle Swarm Optimizer. In:IEEE World Congress on Computation Intelligence,69-73.

Turgeon A. 2005. Daily operation of reservoir subject to yearly probabilistic constraints. Water Resources Planning and Management,131(5):342-350.

Yang X L,Parent E. 1995. Comparison of real-time reservoir-operation techniques. Journal of Water Resources Planning and Management,121(5):345-351.

第5章 滦河流域水库群联合供水调度研究

主要分析和计算滦河下游水库群供水调度情况,首先论述水库群供水配置的供水、用水次序,为下文的供水规则打下基础;由于滦河下游供水库群数目较多,故本书利用聚合协调分解模型,对水库群进行聚合并按一定的规则进行分解和协调,并计算不同供水区的相对重要性,为更合理地水库调水提供依据,同时对水库优化供水计算时,采用免疫进化粒子群算法(IPSO)和协进化遗传算法(CGA)进行比较计算,最后应用免疫进化粒子群算法(IPSO)对聚合分解协调模型进行优化计算,得到水库供水优化结果和各水库供水调度图。

5.1 引　　言

水库群联合供水调度受诸多因素和条件的制约,是一项挖掘水库潜力非工程措施的系统工程,调度的合理性直接关系到水资源时空配置效果及水利工程效益,如何充分发挥复杂水库群之间强大的水文补偿、库容补偿优势,对整个混连水库群提出调度规则指导库群运行迫在眉睫,复杂水库群联合供水调度不仅要解决水源水库群什么时候以什么量向受水水库群调水,又要解决受水水库群如何引水及对供水区供水问题,调水量如何在各受水水库间分配,以减少水量损失且适时的配置水资源。同时作为一个高维、复杂的水资源配置系统,水库群优化调度的最优运行过程,很难单独依靠某种优化方法直接得到,需深入研究一类适用于复杂水库群多水源、高维数、复杂水力联系的模型的求解方法,提高模型求解精度与效率。

5.2　水库群供水调度的供用水次序

各供水水库组成一个体系,共同为供水区用户供水,彼此既相互联系,又相互影响。在计算各区域水库可供水量时,应根据系统具体情况分析,需要统筹兼顾各分区各种类型的用水需求,合理安排水库群的供水策略,使供水区缺水量最小,达到最优配置的要求。同时,要考虑供水和用水两方面,确定水库供水和供水区用水次序的基本原则。

5.2.1　供水次序

本书研究水库群供水调度,考虑了供水区当地自有资源的供给,通常的供水次序为,先用自流水,后用蓄水和提水;先用地表水,后用地下水;先用本流域的水,后用外调水;水质优的水用于生活等用户,其他水用于水质要求较低的农业或部分工业用户。此外,应充分考虑各水源之间存在的相互影响关系。水库间供水应考虑它们之间的联合调度,使供水效益最大,缺水损失最小。其水库的供水次序要求如下。

(1) 水源的供水次序。各种水源供水次序的合理确定对于保证供水调度的优越性,具有很重要的基础作用。根据各种水资源的演变特点,拟定各种水源的优先利用次序为:地表产水、处理后的污水、地下水中的正常开采量、地表水水库蓄水、跨流域的外调水、地下水中的超量开采量。

(2) 地下水的运用规则。地下水只作为本单元的供水水源,按利用优先次序分为三部分:① 最小供水量(临界水位以上的地下水量按照最小供水量对待);② 最小供水量与正常超额供水量之间的机动供水量;③ 允许的超采量。地下水最小供水量要优先于水库蓄水量利用,机动供水量要后于水库蓄水量利用,对地表水供水进行补偿调节。地下水超采属于一种水资源应急措施。一般不允许超采地下水,只有当缺水量达到一定程度,才允许超采地下水。超采的地下水量,在丰水年要通过减少地下水开采量,予以弥补。

5.2.2　用水次序

在水资源紧缺时,各类用户的用水次序为,先尽量满足生活需水,再依次是工业和第三产业需水、农业需水、河道外生态需水等。

(1) 调蓄工程(水库)首先保证非汛期生态基流,再对供水城市进行供水。

(2) 非常规水(非常规水资源:再生水、微咸水、海水利用等)首先保证河道外生态需水量,如有多余可供给对水质要求不高的工业部门,原则上不供给城市生活。

(3) 城市用水部门的供给顺序为,先满足城市生活需水,再满足城市工业需水。

(4) 为了改善地下水水源现状,地下水配置总量上限控制在允许可开采量,只有针对特别特枯年份可适当放宽限制,控制在地下水最大开采量。

(5) 引滦工程调水量在不同用水部门之间,应优先满足城市生活用水再供给城市工业用水,最后为滦河下游农业灌溉。

5.3　水库群的聚合分解协调模型

滦河下游水库群供水系统主要包括潘家口、大黑汀、于桥、邱庄、陡河和桃林口水库,主要供应天津、唐山、秦皇岛三市的城市生活用水、工业用水和向唐山境内的滦河下游农业灌溉。桃林口水库与其他五库的联系是将秦皇岛市剩余的供水指标通过青龙河河道向滦河下游农业供水,其水库间的水力联系如图 5-1 所示。

潘家口水库为多年调节水库,且没有直接的用水户,用水户主要集中在下游地区,但下游水库来水较少不能满足各供水区的需求,所以必须由潘家口水库补充供水。由上文第 3 章中对 1954 ～ 2000 年共 47 年潘家口水库入库径流资料分析知入库径流的年内分配不均,年内最丰值与最枯值比值达到9∶1,造成了年内丰水防汛,枯水抗旱的局面,给生活、工农业生产带来了极大的不便,年际变化出现较明显的逐步减少趋势,其他水库面临同样的径流分布问题;同时,对库群的丰枯补偿分析知:水库间丰枯同步的概率虽然较高,但还是具有一定的丰枯补偿能力。因此,要充分发挥潘家口的多年调节作用,利用各库的蓄水进行联合供水调度,实现年际与年内的水量再分配,提高水资源利用率减少弃水,从而缓解水资源的供需矛盾。

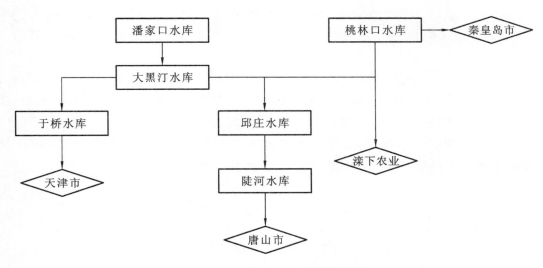

图 5-1　水库间水力联系网络图

5.3.1　水库群的聚合

对于本研究对象的多水源、多用户的水库群供水联合调度,系统存在规模庞大、维数高(变量多)及结构复杂等问题。因此,求解优化问题时既要考虑如何降低模型的复杂度,又要利用计算机技术编制通用程序来实现,故根据大系统聚合分解协调理论(方淑秀等,1990;王德智等,2006)以及本书研究水库和供水区的各种特点,对水库群供水系统的调度和求解过程进行相应的聚合和分解。

根据国办 44 号文件规定,当潘家口水库来水频率为 75%,85%,95% 时,潘家口水库将水量调入大黑汀水库,分别向滦河下游农业补水 6.5×10^8 m³,4×10^8 m³ 和 1.4×10^8 m³。因此,为减低问题的复杂性,可在联合调度前先从潘家口水库扣除调入大黑汀水库相应给滦下农业的供给量;同时,由于桃林口水库仅对秦皇岛市和滦河下游农业灌溉进行供水,所以可先将桃林口水库单独考虑,然后在潘家口、大黑汀、桃林口水库间根据调度结果和不同年份的蓄水量逐次轮番对滦河下游农业的供水进行调整。将潘家口、大黑汀、于桥、邱庄、陡河水库聚合成以潘家口水库为核心的单一水库 I,向天津和唐山不同的供水区的城市生活和工业供水,将两个供水区聚合为一个虚拟的供水区 K。故聚合包括水库的聚合不同供水区的聚合以及同一供水区生活、工业不同用水部门的聚合。因此相当于单一水库向单一供水区进行供水优化调度,即单库的供水优化调度。

设单一水库 I，t 时段聚合供水区 K 的需水量和当地可供水量分别为为 q_{It}^K，$g_{0I,t}^K$，水库 t 时段给供水区的供水量为 x_{It}^K，对于 I 水库 t 时段的状态可描述为

$$V_{It} = V_{I,t-1} + I_{It} + qq_{It} - x_{It}^K - \text{Sun}_{It} \qquad (5-1)$$

式中，$V_{I,t-1}$，V_{It} 为 I 库 t 时段初、末的库容；I_{It} 为 I 库 t 时段的外部入流水量；qq_{It} 为 I 库 t 时段的天然入流；Sun_{It} 为 I 库 t 时段的损失水量。

聚合后的单一水库 I，应用最大缺水率最小模型，以月为调度时段，采用免疫进化粒子群优化算法（IPSO）进行编码对模型进行求解。

5.3.2　聚合水库群的分解

聚合水库的优化运行策略求出后，需要将聚合水库解聚分解得出各库的在计算时段的运行轨迹线和蓄放流量，在上述单库聚合的基础上，按供水系统的供水管理体制和供水地区范围，将原五库系统概化为潘家口、于桥、唐山水库，其概化图如图 5-2 所示。其中唐山水库为水量归唐山使用的大黑汀、陡河、邱庄三库聚合而成的，A 节点为潘家口水库对天津和唐山的分水点。

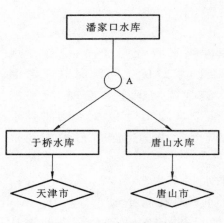

图 5-2　水库聚合概化图

对于滦河下游的研究对象来说，将唐山水库作为一个整体，与于桥水库各自独立地进行供水调节计算，按优化调度方法分配给天津市、唐山市，不足水量由潘家口水库按一定规则分配，再根据各水库自身的蓄水量和入流情况及水库间水力联系作用，经过水库间协调作用，充分发挥潘家口水库的多年调节作用和各水库的丰枯补偿特性，对各时段供水量进行修正，以达到供水区公平合理配置，减小各区缺水的破坏深度。在本研究对象中潘家口与于桥水库、潘家口与唐山水库属于串联的水库，而在节点 A 为潘家口水库对两库的分水点，实际上就是对不同供水区的分水点，为了公平合理地给供水区分配水量，需要首先确定不同供水区的相对重要性，即通过权重来体现。

1. 供水区重要度评价的分析

评价不同供水区的重要性要从多个方面、应用多层次多个指标来反映，

本书主要从四个一级指标来表示不同供水区的相对重要度,即经济指标、社会指标、生态指标和水资源利用效率,再将一级指标划分为若干个子系统,其具体指标体系如图 5-3 所示。

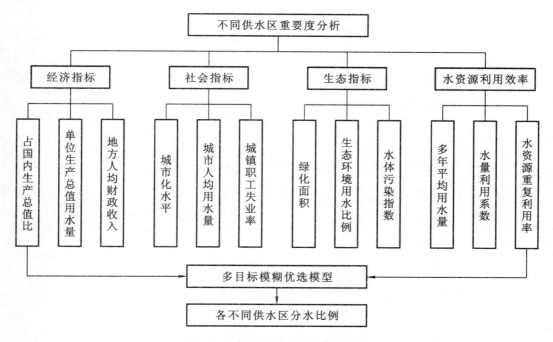

图 5-3 供水区重要度评价结构

本着供水高效利用、公平、合理的原则,评价各供水区的相对重要性,需要考虑的因素很多且指标的量化具有模糊性,因此本书应用多目标多层次模糊综合优选模型对不同供水区相对重要性进行分析,即各不同供水区的分水比例进行评价和计算。

由图中所示的综合评价指标体系可知,对供水区相对重要度评价分为两个层次,第一级评价目标集 $U = \{U_1, U_2, \cdots, U_k\}$;其中 U_i 又包含 n_i 个子系统 $U = \{u_1, u_2, \cdots, u_n\}$,设供水区为 $V = \{v_1, v_2, \cdots, v_m\}$,$m$ 为供水区个数。所有评价指标构成的评价指标 U,使得

$$U = \bigcup_{i=1}^{k} U_i, U_i \bigcap U_j = \emptyset \quad (i \neq j) \tag{5-2}$$

称 $U_i = \{u_1^{(i)}, u_2^{(i)}, \cdots, u_m^{(i)}\}$,为二级因素级,其中 $n_1 + n_2 + \cdots + n_k = \sum\limits_{i=1}^{k} n_i = n$。

1)评价矩阵

对于所有待评价的 m 个供水区的第 n_i 个评价指标特征值可用评价矩阵表示为

$$X_i = \begin{bmatrix} x_{11}^{(i)} & x_{12}^{(i)} & \cdots & x_{1m}^{(i)} \\ x_{21}^{(i)} & x_{22}^{(i)} & \cdots & x_{2m}^{(i)} \\ \vdots & \vdots & & \vdots \\ x_{n_1 1}^{(i)} & x_{n_1 2}^{(i)} & \cdots & x_{n_1 m}^{(i)} \end{bmatrix}_{n_i \times m} = (x_{qj}^{(i)})$$

$$(i = 1, 2, \cdots, n; j = 1, 2, \cdots, m; q = 1, 2, \cdots, n_i) \tag{5-3}$$

2）隶属度矩阵的公式

将特征值评判矩阵装化为相对隶属度矩阵的公式为

（1）对于越大越优的系统指标公式为式（5-4）所示：

$$(u_{ij})_{n \times m} = \left(\frac{x_{ij}}{x_{i\max}} \right)_{n \times m}, i = 1, 2, \cdots, n; j = 1, 2, \cdots, m \tag{5-4}$$

（2）对于越小越优的系统指标公式为式（5-5）所示：

$$(u_{ij})_{n \times m} = \left(\frac{x_{i\min}}{x_{ij}} \right)_{n \times m}, i = 1, 2, \cdots, n; j = 1, 2, \cdots, m \tag{5-5}$$

则依据上述式（5-4）和式（5-5）的转化将指标特征值矩阵转换为相对隶属度矩阵为式（5-6）所示：

$$U_{nm} = \begin{bmatrix} u_{11} & u_{12} & \cdots & u_{1m} \\ u_{21} & u_{22} & \cdots & u_{2m} \\ \vdots & \vdots & & \vdots \\ u_{n1} & u_{n2} & \cdots & u_{nm} \end{bmatrix} = (u_{ij})_{n \times m} \tag{5-6}$$

3）权重

各不同供水区对应的各一级目标和每个二级子目标中的 n_i 个评价因素应该考虑不同的权重，系统分的层次越多，则需要给出每个层次的权重向量越多。对于第 i 个子目标 n_i 的评价指标，设 $U_i = \{u_1^{(i)}, u_2^{(i)}, \cdots, u_{n_i}^{(i)}\}$ 的权重为 $W_i = (w_1^{(i)}, w_2^{(i)}, \cdots, w_{n_i}^{(i)})$；对于第一级因素集，设 $U = \{U_1, U_2, \cdots, U_k\}$ 的权重为 $W = (w_1, w_2, \cdots, w_k)$。

4）确定广义权距离和相对优属度

第 i 个子目标 n_i 个评价指标的权重用权向量表示，称为广义权距离，如式（5-7）、式（5-8）所示：

$$d_{jg} = \sqrt[p]{\sum_{i=1}^{n} (w_i \mid r_{ij} - 1 \mid)^p} \tag{5-7}$$

$$d_{jh} = \sqrt[p]{\sum_{i=1}^{n} (w_i \mid r_{ij} - 0 \mid)^p} \tag{5-8}$$

上式中，当 $p = 1$ 时，式（5-7）和式（5-8）称为海民距离；当 $p = 2$ 时，式（5-7）和式（5-8）称为欧式距离。根据广义权距离可以计算出供水区 j 的相对优属度 μ_j：

$$\mu_j = \cfrac{1}{1 + \left(\cfrac{d_{jg}}{d_{jh}}\right)^2} \qquad (5\text{-}9)$$

5）各层次和总目标综合决策的权重

对于模糊中和决策，其中权重的确定起着至关重要的作用，它反应各个因素在综合决策中所起的作用或所占的比例，目前计算权重的方法主要有：专家估测发、加权统计法、模糊决策法、层次分析法等，基于层次分析法能将定性分析和定量分析相结合、简单实用，所以应用层次分析法确定其权重，其步骤如下。

（1）对同一层次的各因素 B_i 关于上一层中某因素 A 的重要性进行两两比较，构造判断矩阵 $A = (a_{ij})_{n \times n}$，且满足式（5-10），因此判断矩阵又称正互反矩阵。其中 a_{ij} 的取值如表 5-1 所示。

$$a_{ii} = 1, a_{ij} = \frac{1}{a_{ji}}, \quad i,j = 1,2,\cdots,n \qquad (5\text{-}10)$$

表 5-1　a_{ij} 的取值

B_i 比 B_j	相同	稍强	强	很强	绝对强	相同	稍弱	弱	很弱	绝对弱
a_{ij}	1	3	5	7	9	1	1/3	1/5	1/7	1/9

（2）指标元素相对权重计算。

判断矩阵 $A = (a_{ij})_{n \times n}$ 的最大特征根 $\lambda_{\max}$ 相应的特征向量为 $W = (w_1, w_2, \cdots, w_n)$，解判断矩阵 A 的特征根问题：$AW = \lambda_{\max} W$，将 W 经归一化后可最为指标的权重向量。

$$w_i = \cfrac{\sum\limits_{i=1}^{n} a_{ij}}{\sum\limits_{i=1}^{n} \sum\limits_{j=1}^{n} a_{ij}} \qquad (5\text{-}11)$$

$$\lambda_{\max} = \frac{1}{n} \sum_{i=1}^{n} \frac{([a][w])_i^T}{w_i} \qquad (5\text{-}12)$$

（3）层次总排序权重及组合一致性检验。

计算子目标层的各指标因素对于目标层的相对重要性权重，称为层次总排序，这是由最上层到最下层逐层进行的。若某一层 H 包括 m 个指标元素（$H_1, H_2, \cdots, H_m$），其关于上一层某因素 S 的权重为（$h_1, h_2, \cdots, h_m$），对于下一层 G 括 n 个指标元素（$G_1, G_2, \cdots, G_n$），它们关于 H_i 的权重为（$g_{i1}, g_{i2}, \cdots, g_{in}$），则总排序权重为

$$w_j = \sum_{i=1}^{m} h_i g_{ij}, \quad j = 1,2,\cdots,n \qquad (5\text{-}13)$$

一致性指标 C_R 为

$$C_R = \frac{\sum\limits_{i=1}^{m} h_i C_i}{\sum\limits_{i=1}^{m} h_i R_i}$$　　　　　　　(5-14)

式中，C_i 为 G 层 n 个指标元素关于 H_i 的层次单排序一致性指标；R_i 为它们的随机一致性指标。当 $C_R < 0.1$ 时，认为总排序满足一致性要求，否则重新调整判断矩阵。

以上步骤可计算出各个不同供水区的权重。

6）滦河流域天津、唐山两供水区相对重要度评价

以 1956～2005 年共 50 年的平均资料为基础数据，计算天津、唐山的相对重要度，其评价指标见表 5-2。

表 5-2　　不同供水区的评价指标表

供水区	经济指标			社会指标			生态指标			水资源利用率		
	占国内生产总值比	单位生产总值用水量 /（m³/万元）	地方人均财政收入 /（万元/年）	城市化水平 /%	城市人均用水量 /（m³/人）	城镇职工失业率 /%	绿化面积 /%	生态环境用水比例 /%	水体污染指数	多年平均用水量 /亿 m³	水量利用系数	水资源重复利用率 /%
天津	62.5	90	1.81	45%	216	3.31	32	1.56	3.8	21.56	0.68	79
唐山	58.6	85	1.67	40%	204	3.34	28	1.51	4.2	20.34	0.65	75

根据上述步骤对四个子目标运用层次分析法得到个子各层次的相对权重见表 5-3。

表 5-3　　系统各层次权重

第一层		第二层	
评价指标	权重	评价因素	权重
经济指标	0.356 7	占国内生产总值比	0.274 2
		单位生产总值用水量	0.303 2
		地方人均财政收入	0.422 6

第一层		第二层	
评价指标	权重	评价因素	权重
社会指标	0.235 5	城市化水平	0.388 2
		城市人均用水量	0.408 1
		城镇职工失业率	0.203 7
生态指标	0.273 6	绿化面积	0.420 1
		生态环境用水比例	0.351 4
		水体污染指数	0.228 5
水资源利用率	0.134 2	多年平均用水量	0.334 8
		水量利用系数	0.345 1
		水资源重复利用率	0.320 1

应用多目标多层次模糊综合评判模型对四个子目标分别进行计算,经过归一化得到天津、唐山的重要度 $w_{\text{天}}$, $w_{\text{唐}}$ 分别为 0.527,0.473。

2. 各水库供水策略求解

如图 5-2 所示,同时根据滦河流域的水库管理体制要求,于桥水库的水量归天津所用,唐山水库(大黑汀、陡河、邱庄水库的聚合)的水量归唐山所用,故应用单库水库的供水调度程序分别对于桥水库和唐山水库进行供水优化调度,天津、唐山的时段不足水量由潘家口水库进行补给,水库群间通过相互协调作用,充分发挥各水库的调节能力和水库间的水力联系作用、丰枯补偿特性,对各时段供水进行不断修正,使水资源分配在时空上更加合理可靠,并适合实际调度操作的实施。对于潘家口水库的调度需要考虑给不同供水区的分水比例,其供水调度过程为

$$f(x) = \min \max_{it}^{k}[w_k(Q_{it}^k - G_{0i,t}^k - X_{it}^k)/Q_{it}^k] \tag{5-15}$$

式中,Q_{it}^k 为 i 水库 t 时段 k 供水区的需水量;$G_{0i,t}^k$ 为 i 水库 t 时段 k 供水区的当地供水量;X_{it}^k 为 i 水库 t 时段给 k 供水区的供水量;w_k 为对不同供水区 k 的分水比例,$t = 1,2,\cdots,T$,T 为供水时段数。

约束条件如下所述。

(1)水量平衡约束

$$V_{it} = V_{i,t-1} + I_{it} + qq_{it} - X_{it} - \text{Sun}_{it} \tag{5-16}$$

式中,$V_{i,t-1}$,V_{it} 为 i 库 t 时段初、末的库容;I_{it} 为 $i-1$ 库向 i 库 t 时段的调水量;qq_{it} 为 i 库 t 时段的天然入流;X_{it} 为 i 水库 t 时段的供水量;Sun_{it} 为 i 库 t 时段

的损失水量。

（2）水库库容约束

$$V_{it,\min} \leqslant V_{it} \leqslant V_{it,\max} \tag{5-17}$$

式中，$V_{it,\min}$，$V_{it,\max}$ 为 i 库 t 时段允许的最大最小库容。

（3）可供水量约束

$$X_{it,\min}^k \leqslant X_{it}^k \leqslant X_{it,\max}^k \tag{5-18}$$

式中，$X_{it,\min}^k$，$X_{it,\max}^k$ 为 i 库 t 时段给第 k 个供水区最小最大可供水能力。

（4）需水量约束

$$0 \leqslant X_{it}^k \leqslant Q_{it}^k - G_{0i,t}^k \tag{5-19}$$

式中参数含义同上。

（5）变量非负约束

应用最大缺水率最小模型，以月为调度时段，分别采用免疫进化粒子群优化算法（IPSO）和协同进化遗传算法（CGA）进行编码对模型进行求解，并比较两种算法的优越性和适用性。

5.4　水库群供水调度的协调研究

水库群供水调度的复杂性不仅由于变量维数的增加，主要是由于水库群之间的水力补偿关系，水库群的供水次序为自下而上原则，下游各水库将本库的天然入流和有效蓄水利用智能优化算法给配给供水区，当水量不足时要求上一级水库放水补给。水库间供水应遵循"有弃水无缺水，有缺水无弃水"的原则，即当第一个水库产生弃水时，使弃水进入下一个水库中进行调节，以此类推一直到末水库，如果依然产生弃水，将其视为弃水量。因此，这种情况，在水库群供水过程中应该考虑将多余的水量储存在哪个水库中，从而使得水库供水的水量损失最小；同时，在供水区缺水的情况下，怎么以最快的速度供给供水区，缩小供水流达时间；当末水库库容达到库容下线（通常为死水位）时，供水区仍产生缺水时，不能作为供水区的最终缺水状态，因为它上一水库可以对其进行补偿调度，以此类推一直到第一个水库，如果依然产生缺水，则将视为供水区的最终缺水状态，在这种情况下应从水库群的末水库算起直到第一个水库。

水库群供水调度不同于水库群发电调度，其最优解是唯一的，但水库相应的蓄放水过程却并不唯一，在水库群联合调度中，当优化供水结果确定后，水库群之间的调度过程是可以改变的，其水库的最终调度线，由两部分组成，一部分是通过自流入水库的水量经过调节形成的，其过程是固定的；另一部分是上一水库调度的入流水量经过调节形成的,其过程是不固定的。例如,串联水库存在如下水利关系:$i-1 \rightarrow i \rightarrow \cdots$,$t$ 时段多余的水量一部分可以蓄在 $i-1$ 水库中,一部分可蓄在 i 水库中,故对于决策者来说,需要确定优先把水量蓄在哪个水库中,即优先度 ϕ 问题,优先调度原则不能破坏水库群的最优供水调度结果。因此为了确定滦河流域的各水库供水调度线,需要考虑将潘家口水库的水量何时何量得放到下游水库中,从而使各水库供水的水量损失最小。

对于串联两库 $i-1$,i 在某调度时段 t 供水调度的情况,对于下一级 i 水库的水量主要输出和输入项有四项:① t 时段水库 i 的天然入流 qq_{it};② t 时段上一级水库 $i-1$ 经过调度的入流至 i 水库的水量 I_{it};③ t 时段水库 i 的损失水量 Sun_{it};④ t 时段水库 i 对相应供水区的供水量 X_{it}。因此,对于水库 $i-1$,i 来说,只有 I_{it} 是可变的,根据蓄水优先度不同,可以考虑以下三种情况:① 优先考虑 $i-1$ 库的蓄水,认为优先度 $\phi = 0$;② 优先考虑 i 库的蓄水,认为优先度 $\phi = 1$;③ 考虑余水按一定优先度,把下游水库所辖供水区的需水按一定优先程度提前调入该水库中,达到预蓄的目的,一部分蓄在 $i-1$ 水库中,一部分蓄在 i 库中,认为优先度 $0 < \phi < 1$。由上可知优先度 ϕ 的取值范围为 $0 \leqslant \phi \leqslant 1$。下面将分别介绍以上三种情况。

(1)分析优先考虑将多余水量蓄在上一级水库 $i-1$ 库中,优先度 $\phi = 0$,即只有下游水库 i 供水出现不足的时候,才要求上一级水库 $i-1$ 放水补充,但当上一级 $i-1$ 水库在某时段出现弃水时,下级水库需自上而下的进行逐级拦蓄,若到最下游水库仍出现弃水时,应修正上级水库的供水策略,提高该时段的供水满足程度。

(2)分析优先考虑将多余水量蓄在下一级水库 i 库中,优先度 $\phi = 1$。主要从以下两方面考虑。

优先考虑 i 库蓄水,不能使 $i-1$ 库的库容小于最小库容 $V_{i-1\min}$(一般为死库容)。对于 $i-1$ 库 t 时段的库容线 V_{i-1t},需要从时段末向前逐时段检查到初始时段是否达到 $i-1$ 库的最小库容 $V_{i-1\min}$,即

$$I_{i,t} = \min(V_{i-1,t}, \cdots, V_{i-1,T}) - V_{i-1,\min} \tag{5-20}$$

式中,$I_{i,t+1}$ 为 t 时段 $i-1$ 水库向 i 水库的最大调水量。

优先考虑 i 库蓄水,不能使 i 库产生弃水,即 i 库 t 时段的弃水 $s_{it} = 0$。

$$s_{i,t} = \max(V_{i,t} + I_{i,t}) - V_{i,\max} \tag{5-21}$$

(3)按一定优先程度,将余水一部分蓄在 $i-1$ 库中,一部分蓄在 i 库中。

本书研究的滦河下游水库群供水调度,由于各水库的库容-面积曲线的不同,水面蒸发损失不同,故将水放于哪个库中的水量损失也不同;并且潘家口水库距于桥水库、邱庄水库有一百多公里的距离,若应急调水到供水区,受输

水管道流量的限制,需要一定的时间。因此综合考虑以上两方面的原因,可选择合适的优先度 ϕ 值,既能达到预蓄的目的,又能减少水量损失,及时地调水给供水区,同时需要满足以上两方面的要求。可用下式进行表述:

$$I_{i,t} = \phi\{\min(V_{i-1,t}, \cdots, V_{i-1,T}) - V_{i-1,\min}\} \tag{5-22}$$

$$\phi = f(M_{it}, \mathrm{Sun}_{it}, Q_{it}, X_{it}) \tag{5-23}$$

$$I_{it} \leqslant V_{i,\max} - V_{it} \tag{5-24}$$

式中, ϕ 是 i 库 t 时段水面面积 M_{it}、i 库 t 时段的损失水量 Sun_{it}、i 水库 t 时段所辖供水区的需水量 Q_{it}、i 水库 t 时段的供水量 X_{it} 的函数;其他参数含义同上所述。

5.5　计算结果及分析

以最大缺水率最小为目标函数,分别采用免疫粒子群算法(IPSO)和协同进化遗传算法(CGA)进行编码对聚合分解协调模型进行求解,并比较两种算法的优越性和适用性。于桥、陡河、邱庄、桃林口、大黑汀水库均为年调节水库,故供水起调库容为死库容,调度期末再降到死库容,而潘家口水库为多年调节水库,其起调库容设定为 $15.4 \times 10^8 \mathrm{m}^3$。算法通过 VB6.0 语言实现。在免疫进化粒子群算法(IPSO)中,免疫进化算法的群体规模 $P = 80$,进化代数 $K = M = 60$,结合梯级水库优化调度的特点,经过多次试验证明,参数 $A = 4$, $\sigma_\epsilon = 0, \alpha = 1.8, \beta = 3.5$,计算效果比较好;粒子群优化算法中,惯性权重 $w = 0.5$,加速常数 c_1、c_2 分别为 1.5、2.0,进化代数 $K_s = 100$。在协同进化遗传算法(CGA)中,罚因子种群规模 M_1 取 20,决策子种群规模 M_2 取 50,决策种群迭代步数 K' 取 10,罚因子种群迭代步数 T 取 30,两类子种群初始交叉率均为 $P_c = 0.8$,初始变异率均为 $P_m = 0.1$,得到 2010 和 2020 水平年的水库群供水调度结果。本书以 2020 水平年调度结果为例,首先,分析两种算法的优劣(表 5-4,图 5-4);然后,利用较优算法计算各供水水库的供水结果(表 5-5)和各水库供水调度图(图 5-5 ~ 图 5-10)。

表 5-4　2020 水平年不同方法计算结果表

水量单位 / $\times 10^8 \mathrm{m}^3$	总供水量			总缺水量			计算机时 /s
	生活	工业	滦下农业	生活	工业	滦下农业	
IPSO	88 525	115 100	76 258	0	38 367	50 883	108
CGA	88 525	110 231	75 632	0	43 236	51 509	94
模拟算法	83 254	103 842	69 853	5 271	49 625	57 288	—
未实现联合调度	75 246	92 080	50 856	13 279	61 387	76 285	—

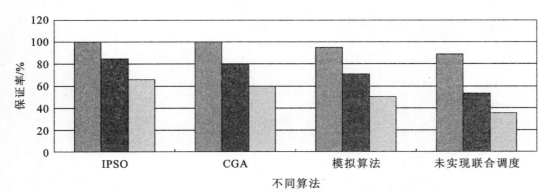

图 5-4　不同算法下平均保证率对比图

表 5-5　2020 水平年水库群供水调度结果　　　　　　单位：×10⁴ m³

月份	于桥水库供水量		邱庄水库供水量		陡河水库供水量		桃林口水库供水量			大黑汀水库供水量		潘家口水库供水量				
												供天津用水		供唐山用水		
	供天津生活用水	供天津工业用水	供唐山生活用水	供唐山工业用水	供唐山生活用水	供唐山工业用水	供秦皇岛生活用水	供秦皇岛工业用水	供滦下农业用水	供唐山生活用水	供唐山工业用水	供天津生活用水	供天津工业用水	供唐山生活用水	供唐山工业用水	供滦下农业用水
1	1 851	1 157	166	301	454	284	985	1 281	0	695	1 857	2 804	3 057	1 185	1 641	0
2	2 347	1 247	152	359	487	398	748	1 191	0	742	1 645	2 732	2 981	828	1 335	0
3	2 857	1 259	141	411	314	557	1 076	1 276	6 872	887	1 327	2 831	3 807	973	1 684	5 789
4	3 635	1 356	164	491	205	224	891	1 034	6 637	961	1 237	2 457	3 643	824	1 881	5 461
5	2 745	1 248	230	393	127	217	1 107	1 391	6 146	624	1 125	3 295	3 505	825	1 695	4 624
6	2 017	835	197	285	116	219	687	937	4 458	427	957	2 020	4 832	735	1 734	6 732
7	1 135	1 254	145	238	159	184	521	754	3 752	439	768	2 775	4 125	358	1 354	6 219
8	1 365	1 290	131	265	115	143	843	1 051	4 163	368	710	2 671	4 371	451	1 458	5 427
9	987	1 025	154	301	101	116	633	800	4 297	192	674	3 041	4 300	587	2 084	5 681
10	1 287	984	122	287	116	151	854	1 151	0	253	773	2 549	3 864	787	1 962	0
11	1 491	1124	251	361	246	382	1 022	1 237	0	875	843	3 152	3 541	1 057	2 257	0
12	1 284	1 234	136	358	325	451	957	1 358	0	764	915	3 221	3 857	1 061	2 451	0

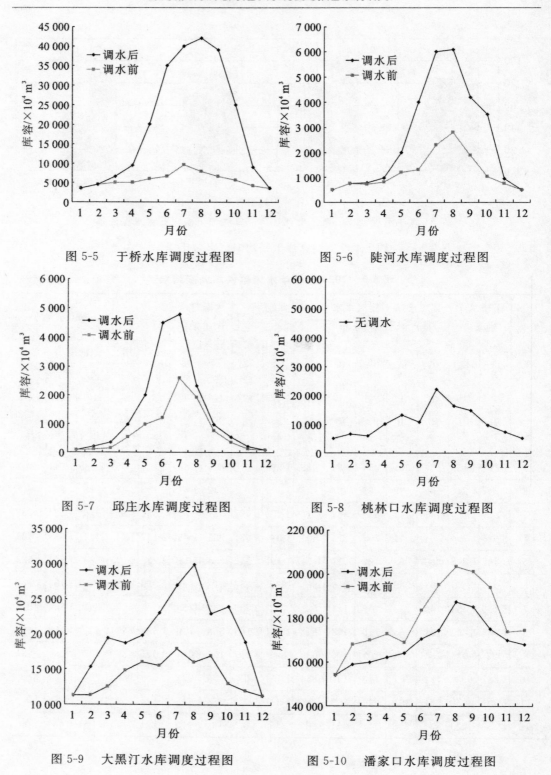

图 5-5　于桥水库调度过程图　　　　　　图 5-6　陡河水库调度过程图

图 5-7　邱庄水库调度过程图　　　　　　图 5-8　桃林口水库调度过程图

图 5-9　大黑汀水库调度过程图　　　　　图 5-10　潘家口水库调度过程图

由表 5-4 和图 5-4 可知,滦河下游水库群实现联合调度,即供水区天津、唐山、秦皇岛和滦河下游农业灌区从潘家口、大黑汀引水并实现六水库联合调度的情况下,比不实现联合调度的各部门供水保证率高,充分显示水库联合供水调度的优越性;水库联合供水调度应用优化算法比模拟算法的水资源利用率高,这是由于模拟算法中各水库的弃水量增加,在供水过程中得不到最优调度结果;优化算法 IPSO 和 CGA 在解决水库供水优化调度的问题上,计算结果都比较可靠合理,虽然 IPSO 在计算机机时上有些费时,但在对时间要求不高的情况下,IPSO 优化算法在供水保证率和优化程度上优于 CGA 算法,所以在实际应用中,IPSO 优化算法能够满足生产实践的需要,所以在解决水库供水调度的问题时本书应用 IPSO 优化算法进行求解。其计算结果如表 5-5 所示。

表 5-5 计算结果表明,计算不同供水区的相对重要度,可公平合理地分配水库供水量,同时提高供水区的经济社会效益;以供水区最大缺水率最小为供水调度目标,使得各供水区各月水资源分配比较均匀,降低缺水的破坏深度,从而使供水调度有一个良性和可持续的发展;实施潘家口、大黑汀、桃林口、于桥、邱庄和陡河水库群联合调度不仅可更充分发挥不同河流的水文补偿作用,而且更有利于发挥不同水库调节性能的库容补偿作用,从而更好地实现水库调度过程中防洪与兴利得结合,有利于提高整体水资源利用率。

各水库调度过程如图 5-5 ～ 图 5-10 所示。其中,图例中“调水后”是指将潘家口水库中的水量按一定的优先度预蓄于下游相应的水库中,“调水前”指的是下游水库供水调度前,没有将潘家口水库中的水量事先预蓄于相应水库中。

图中 5-8 为桃林口水库供水调度过程图,由于潘家口水库在调度中没有向其进行预蓄调水,不存在事先将可供水量放于哪个库的问题,所以桃林口调度最优结果只有一条调度线;图 5-5 ～ 图 5-7,图 5-9 ～ 图 5-10 分别为于桥、陡河、邱庄、大黑汀、潘家口水库的供水调度线,其水库的供水最优解是唯一的,但蓄放水过程是有多种的,对于水库调度过程线,一部分由水库自身的入库径流形成的,另外一部分由上游水库预蓄于下游水库形成的,潘家口水库为上游多年调节水库,将可供水量事先调度到大黑汀、于桥、邱庄、陡河水库,所以潘家口水库的调度线不同于其他几个水库,其“调水前”库容高于“调水后”库容。

开展六水库联合供水优化调度,充分发挥各水库的综合效益,改善该地区水生态环境,减轻供水区供需矛盾具有重要的意义,但水库一般承担多种调度任务,如供水、发电、灌溉等,而本书的研究只涉及水库的供水调度,没有兼顾水库的其他任务和效益,比较片面,在今后的研究中应全面考虑水库的综合作用和效益,为决策者提供更为实际的理论研究;在整个供水过程中存在各种不确定性的因素,如各水库的决策过程、水库的入流过程的随机性和模糊性、当地水源的可供水量的不确定性等,这些都是水库供水调度实际操作中面临的问题,如何综合将这些因素考虑在模型中,使解决的方法更加符合实际并完善,在以后的研究中需要进一步深入。

参 考 文 献

丁胜祥,董增川,王德智,等.2006.城市供水库群分解协调模型研究.水力发电,32(7):17-19.

方淑秀,黄守信,王孟华,等.1990.跨流域引水工程多水库联合供水优化调度.水利学报(12):1-8.

王德智,董增川,丁胜祥.2006.供水库群的聚合分解协调模型.河海大学学报:自然科学版,
　34(6):622-626.

第6章　水库群供水实时调度与修正

　　应用自适应原理的水库实时调度理论,建立短期水库群供水调度目标及模型,并应用于中长期供水调度相同的算法对短期供水调度模型进行求解。首先,本书采取"宏观总控、长短嵌套、实时决策"的模式,依据中长期调度的供水调度结果,计算水库在各供水区的实时供水过程;同时,采用"预报 — 决策 — 实施 — 再预报 — 再决策 — 再实施"循环往复不断修正的策略对水库群实时供水调度进行研究,及时调整水库群供水情况;其次,对供水调度的偏差进行修正,研究偏差的修正方法,保证预报、调度模型的可操作性和可靠性必不可少的一部分;最后,将模型算法应用到滦河水库群供水实时调度中,将其与实际操作情况进行对比分析。计算结果表明,实时调度更符合实际水库运行的需要,能较好地反映水库和供水区在面临时段的供需水状况。

6.1　引　　言

　　实时优化供水调度(蔡龙山等,2006)指运用不断更新的径流资料,作出实时的优化运行策略的调度过程,同时需要对运行策略进行实时的逐步修正,将水资源动态的分配给不同供水区,以确定短期的管理运行策略,并使其与中长期最优运行策略偏差最小,以达到增加供水,较少弃水,提高水库供水的经济效益。目前水库群实时供水调度研究的方法、实时调整还不成熟,开展水库群实时供水调度研究是实际供水急需解决的关键问题。但在实际调度中,来水和用水存在很大的随机性,这就需要不断利用实时信息对模型的结构和参数进行实时修正,利用向前卷动决策方法进行实时控制。故本书根据不断变化的信息和调度决策实施的反馈信息,不断进行优化调度计算,及时调整调度方案,并以此来实现实时供水优化调度的滚动决策过程。故供水实时调度控制过程分为以下几方面来实现:① 水库群中长期供水优化调度,其中包括对水库群来水和不同供水区各部门需水的中长期预测,再根据此结果和中长期供水优化调度模型把整个调度期的可利用水资源分配到各个时段,本书时段为月;② 短期优化调度,实时优化调度不仅要满足面临时段的最优调度,同时还要保证长期调度目标的实现,长短期嵌套,以反映短期调度中如何考虑径流的规律同时兼顾供水的长期效益。根据实时预报将中长期水量实时动态地分配到每个供水时段,同时修正中长期调度结果。

6.2　水库群实时供水优化调度模型

6.2.1　实时优化调度流程

水库实时供水调度(董延军等,2008)是一个"预报 → 决策 → 实施 → 再预报 → 再决策 → 再实施"的循环向前滚动的决策过程,从而实现水库调度的动态调整、实时调配和滚动决策,水库实时调度不仅要满足面临时段的最优决策,同时还要兼顾长期调度的目标实现。因此,水库实时调度可描述为"宏观总控、长短嵌套、实时决策、滚动修正"。其中宏观总控指水库实时调度要以中长期调度为总控目标,给调度实施者以长期的调度趋势控制,同时保证调度的合理性;长短嵌套指在水库长期调度的基础上,根据实时预报实时修正等信息进行短期面临时段水库调度,长期调度对短期实时调度有一定的指导约束作用,而短期实时调度是在长期调度的基础上更准确地反映实际操作情况;实时决策指根据实时供需水预报信息和水库调度策略,做出当前面临时段的水库调度决策;滚动修正指根据水文信息、实时预报修正系统以及前一时段水库调度修正系统,逐时段对预报和调度策略进行滚动修正,如此反复,直至调度期结束。综上所述,水库供水实时调度流程图如图 6-1 所示。

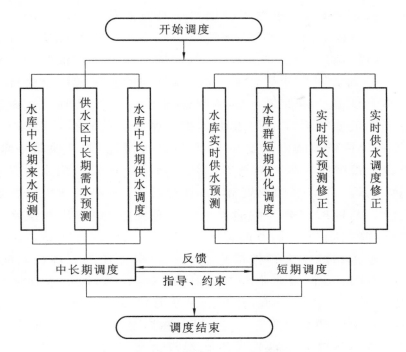

图 6-1　水库实时供水优化调度流程图

6.2.2　基于自适应原理的水库实时调度理论

实时调度需要在动态环境下,使水库群调度具有一定的自适应能力,从而更合理、有效进行系统水资源的分配(张竞竟,2005)。自适应从字面上理解为:适应是指改变其自身,使其状态适合新的或已经改变的环境。可以随着响应特性的改变,根据一定的自适应规律产生反馈作用来改变系统自身的状态,这就是自适应系统。自适应实时调度是根据系统当前的状态以及设定的目标状态差值,作为下一步调度的依据,来提高实时调度的性能。

自适应实时调度主要是将水库群调度分成多阶段决策问题(孙萍,2007),同时对未来的供需水进行多阶段实时预测,虽然在现有技术和计算机水平不断发展的条件下,由于水文预报受多方面因素的影响,所以水文预报精度不可避免地存在一定的误差。故为提高预报精度,不仅要对水文预报信息进行修正,而且可通过缩短可预见期长度来减小预报误差,因为对于一次水文预测来说,面临时段的预测精度较高,越到预测时段后期,其误差越大。对于决策者来说,希望全面掌握系统的发展趋势,希望预见期越长越好,目前再先进的预测手段和技术,都难以将未来很长一段时间水文发展进程预测准确,预报期越长误差越大。根据预报期对面临时段和后期时段的决策影响程度不同,每次决策仅对面临决策去实施。因此,本书利用智能优化算法对水库群供水调度进行多阶段预测和决策,面临时段系统输入对面临的时段水库决策影响较大,越到后期影响就越小,故面临时段的决策较接近最优水库调度决策。为了使预测和决策的最优性得到延续,在对预报面临时段做出决策的同时,根据新预测资料及实际已发生的状态做出新的预报,这样下一个面临时段预报资料保持较高的可信度和精度,以此类推,在整个决策中舍前取后。经一个时段后,根据最新水文资料和剩余时段的更精确预测来水在剩下时段再进行计算,同理,向前滚动调度计算,直至结束。向前滚动决策指运用水库群供水调度模型,同时结合面临时段的水文预测信息,作出此次水文预测下的水库运行情况,取下一次面临时段水文预测下水库调度决策以前的运行策略去实施,再根据新的水文预报信息在下一次水文预测下进行调度计算,将上时段的水库实际运行策略作为起始状态,对以下时段的水库调度进行计算,同理,应用水库群供水模型,依据逐步更新的水文预测信息,作出新的水库运行策略,对水库调度方案进行逐时段改进,从而实现水库群供水的实时调度。利用自适应实时调度理论可以在现有水文预测技术和条件下,得到动态实时控制决策。

　　水库群供水自适应实时调度的具体操作为:在水库调度实时控制中,根据每次输入预报信息,利用第 4 章水库优化调度模型求出本次预报下系统的控制决策,根据预见期时间段,只取整个系统中面临的一个或几个时段决策去实施,余下结果舍去(即取前舍后)。在以后的几个时段决策中,再根据新的预测信息和实际发生状态,求解水库优化调度模型,从而得到新的预报资料下系统决策,仍然取系统中面临的一个或几个时段决策去实施,以此类推,形成一个“预报 — 决策 — 实施 — 再预报 — 再决策 — 再实施”的不断向前循环过程。自适应实时调度可用图 6-2 直观描述,其中把系统总历时作为规划期(可有限长,也可无限长),把一轮“预报 — 决策 — 实施”过程中预报信息数作为预报期,把一轮中实施策略的面临时段长度作为决策期。

　　水库实时决策中,决策变量与时段状态值、预测值、前一时段实际发生值等因素有关,所以模型目标可以表述为

$$\min\left[f_1(x_0,x_1,p_1,y_1)+\sum_{k=2}^{T}f_k(x_{k-1},x_k,p_k,y_k)\right] \tag{6-1}$$

式中,x_0 为初始向量;x_k,p_k,y_k 分别为状态向量、预报输入向量、决策向量。应用向前滚动决策方法进行实时调度,设第一轮的预报时段长度为 T_1,则第一轮的决策控制为

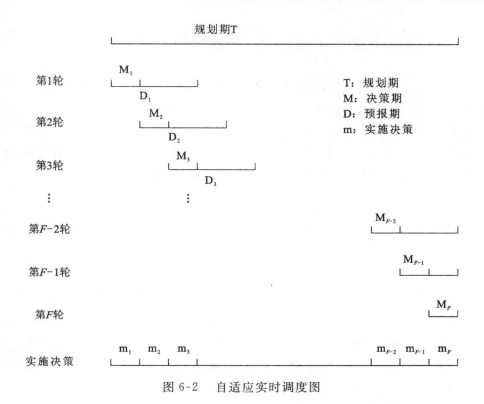

图 6-2　　自适应实时调度图

$$\min\Big[f_1(x_0,x_1,p_1,y_1) + \sum_{k=2}^{T_1} f_k(x_{k-1},x_k,p_k,y_k)\Big] \qquad (6\text{-}2)$$

利用免疫进化粒子群算法求解得到第一轮预报信息下的水库调度最优策略($y_1,y_2,\cdots,y_{T_1}$)。在此基础上的最优决策中取 $\alpha(\alpha < T_1)$ 个面临时段进行水库群实时供水调度,同时进行第二轮预报和调度,设第二轮的预报时段长度为 T_2,此时系统输入预报值为 $p_{\alpha+1},p_{\alpha+2},\cdots,p_{\alpha+T_2}$,此时,经过 α 个时段调度实施后,系统的状态向量为 x_α,故第二轮的决策控制为

$$\min\Big[f_{\alpha+1}(x_\alpha,x_{\alpha+1},p_{\alpha+1},y_{\alpha+1}) + \sum_{k=2}^{\alpha+T_2} f_k(x_{k-1},x_k,p_k,y_k)\Big] \qquad (6\text{-}3)$$

同理,利用免疫进化粒子群算法求解得到第二轮预报信息下的水库调度最优策略($y_{\alpha+1},y_{\alpha+2},\cdots,y_{\alpha+T_2}$)。在此基础上的最优决策中取 $\beta(\beta < T_2)$ 个面临时段进行水库群实时供水调度,同时进行第三轮预报和调度,以此类推,直到规划期 T 个时段计算结束。

6.2.3　实时供水调度模型的建立

短期优化调度,即动态的给供水区配水(李梅等,2007)。在中长期和实时预报的基础上,动态供水才能得以实现,才能真正地指导生产实践,根据短期来水预报、供水区需水预测、水库运行状态模拟等多方计算,构建水库群供水实时调度模型,其调度目标必须符合中长期尺度上水库群供水调度的目标,故短期水库群供水调度目标选取与中长期调度目标偏差最小。

1) 目标函数

$$\min S = \min\Big[\sum_m^M \mid \text{ObS}(m) - \text{ObjC} \mid\Big] \tag{6-4}$$

式中,

$$\text{ObS} = \min f = \sum_{t=\alpha}^{\alpha+T} \sum_{i=1}^{N} \big[(Q_{it} - G_{0,it} - X_{it})/Q_{it}\big] \tag{6-5}$$

式中,$\text{ObS}(m)$ 为第 m 个调度时段的调度目标值;ObjC 为中长期调度的目标值;Q_{it} 为 i 水库 t 时段供水区的需水量;$G_{0,it}$ 为 i 水库 t 时段供水区的当地供水量;X_{it} 为 i 水库 t 时段的供水量;α 为预报开始阶段;$i = 1,2,\cdots,N,N$ 为水库群数量;$t = \alpha,\alpha+T_1,\alpha+T_2,\cdots,T,T$ 为预报期的长度,T_1,T_2 含义同上。

2) 约束条件

(1) 水量约束:

$$W_{i,j}^k(t) \leqslant W_i(t) \tag{6-6}$$

(2) 水库供给量平衡约束:

$$\text{LW}(i,t) = \text{GsPop}_i^k(t) + \text{GsInd}_i^k(t) + \text{GsIrri}_j^k(t) \tag{6-7}$$

(3) 其余约束条件同中长期调度中约束条件。

$W_{i,j}^k(t)$ 为 i 水库所辖 k 子区 j 用水部门的 t 时段的分配水量;$W(t)$ 为 i 水库 t 时段总的可供水量;$\text{LW}(i,t)$ 为 i 水库 t 时段的总供水量;$\text{GsPop}_i^k(t)$、$\text{GsInd}_i^k(t)$、$\text{GsIrri}_i^k(t)$ 分别为 i 水库所辖 k 子区 t 时段的生活、工业和农业供水量;$k = 1,2,\cdots,K,K$ 为供水区个数;其余变量函数含义同上。

3) 短期调度求解

在中长期调度的基础上,根据实时供需水预报等多方信息,将前一时段的各水库实际给各供水区的供水量作为已知条件进行输入,依然应用基于免疫进化的粒子群算法(IPSO)对短期水库供水优化调度进行求解,将水库可供水量动态的分配到每个供水区的各部门。由于水库数目众多,因此本章供水实时调度以旬为调度时间段,其旬调配模型求解同月模型,这里不再赘述。

6.3　实时修正系统

水库供水实时调度中,系统的结构和参数是随时间变化的,系统的输入和输出都是随机的。因此,在进行实时调度中要不断应用实时信息对模型参数变动过程进行跟踪,随时以合适的参数进行计算,以做出最优决策。水库实时调度是一个风险决策、事前决策过程(赵勇等,2006),水库来水和供水区用水都存在很大随机性,为了减少调度中的随机因素和水文预报中产生的偏差,需要对水库实时调度中实施滚动修正机制,对预报以及调度偏差进行修正,防止误差累积。

由于当前时段的决策是根据预测做出的,其预报值与实际值会存在一定的偏差,怎样使决策更符合实际调度过程,需要在实时调度中加以修正和检验,在上一时段调度结束后,实时调度信息采集系统将检验短期预报信息的准确性。当调度进行到某一时段末时,前一时段的基本信息就变成了已知条件,须对先前的调度进行实测信息的修正(叶兵,2004;原文林,2006),缩小调度与实际情况的偏差。实时调度的滚动修正按调度时段进行,每过一个调度时段应根据新的信息和水情状态制定下一时段的水库调度决策,但在下一时段决策之前,需要重新进行预测,并在此基础上作出决策,反复计算直到调度期结束。

6.3.1　实时预报修正

实时预报(林柞顶,2007)指利用逐步更新的水文信息对水文预报模型求出的预测值进行不断地修正,以提高水文预报精度。但是水文预报的误差具有很大的随机性,其影响机理也比较复杂,本书应用卡尔曼滤波对中长期水文预报进行修正。需要在水文实时预报的模型中实现信息的实时修正,依据目前的最新信息,对模型预报的结构、参数进行实时修正,使预测值更加精确,以达到水库调度策略与实际运行更加接近。实际上只要水文模型参数完全可识别,各种水文模型都可以用于实时预报修正,但很多模型都难以满足这一要求,所以用于实时修正的主要是线性模型。水文上的实时修正主要有:递推最小二乘法(SLS)、自回归滑动平均模型、卡尔曼滤波等,其中卡尔曼滤波(孟欣,2010)适用于线性随机系统,是一种从动态系统方程得到的最优递推估计分析技术,也是一种最佳线性估计方法。卡尔曼滤波的具体计算如下。

对于离散系统的状态方程和观测方程分别为

$$X(k) = \Phi(k)X(k-1) + B(k)u(k-1) + \Gamma(k)W(k) \tag{6-8}$$

$$Z(k) = H(k)X(k) + V(k) \tag{6-9}$$

式中，$X(k)$，$X(k-1)$ 分别为 k，$k-1$ 时刻系统 n 维的状态向量；$\Phi(k)$ 为 k 时刻 $n \cdot n$ 阶状态转移矩阵；$B(k)$ 为 k 时刻 $n \cdot p$ 阶输入分配矩阵；$u(k-1)$ 为系统的输入控制项；$\Gamma(k)$ 指 k 时刻 $n \cdot r$ 阶的噪声分配矩阵；$W(k)$ 为 k 时刻系统 r 维模型的噪声向量；$Z(k)$ 为 k 时刻系统 m 维观测向量；$H(k)$ 为 k 时刻系统 $m \cdot n$ 观测矩阵；$V(k)$ 为 k 时刻系统 m 维观测噪声向量。

方程中状态 X 是不能直接观测的量，但是可以根据 $k-1$ 时刻以前的观测值来估计，如果估计状态将来的值，即由 $k-1$ 时刻以前的观测值求 k，$k+1$，…以后的系统状态估计称为预报；如果估计状态现在时刻的值，即由 $k-1$ 时刻观测值估计 $k-1$ 时刻状态称为滤波。卡尔曼滤波就是根据系统的统计信息的特征将预报和滤波过程表述为递推形式。

设 W_t 和 V_t 的统计特征值分别为

$$E(W_t) = 0, \quad E(W_t W_k^T) = Q_t \ell_{ik} \tag{6-10}$$

$$E(V_t) = 0, \quad E(V_t V_k^T) = R_t \ell_{ik} \tag{6-11}$$

式中，Q_t，R_t 分别为已知的半正定矩阵，称为模型误差协方差和观测误差协方差，其标准的卡尔曼滤波形式为

（1）信息：

$$v_t = Z_t - H_t \hat{x}_i \mid_{t-1} \tag{6-12}$$

（2）增益矩阵：

$$K_t = P_t \mid_{t-1} H_t^T (H_t P_t \mid_{t-1} H_t^T + R_t)^{-1} \tag{6-13}$$

（3）状态滤波：

$$\hat{x}_t \mid_t = \hat{x} \mid_{t-1} + K_t v_t \tag{6-14}$$

（4）滤波协方差：

$$P_t \mid_t = (I - K_t H_t) P_t \mid_{t-1} \tag{6-15}$$

（5）状态预报：

$$\hat{x}_{t+1} \mid_t = \Phi_t \hat{x}_t \mid_t + B_t u_t \tag{6-16}$$

（6）预报方差：

$$P_{t+1} \mid_t = \Phi_t P_t \mid \Phi_t^T + \Gamma_{t+1}^T + Q_t \Gamma_{t+1}^T \tag{6-17}$$

式中，t 表示时段；"|"线前部分代表该值所在时刻，线后部分表示推求该值所

依据的时间。依据已知的 $\hat{x}$ 和 P_0，并以 $t = 1,2,\cdots$ 的顺序带到式（6-12）～ 式（6-17），即实现了标准的 KF。以上估算公式为一步预报，一般常用多步预报算法：

$$\hat{x}_{t+k}\mid_t = \Phi^k \hat{X}_t \mid_t + \sum_{i=1}^{k} \Phi^{k-i} B u_{t+k} \tag{6-18}$$

$$P_{t+k}\mid_t = \Phi^k P_t \mid_t \Phi^{kT} + \sum_{i=1}^{k} \left[\Phi^{k-i} \Gamma^T (\Phi^{k-i})^T \right] \tag{6-19}$$

当 Q、R 已知时，KF 是状态的最优估计，此时新息系列 v_t 是白噪声，故可以通过对 v_t 的检验来检查模型对 x_t 的估计是否为最优。

6.3.2　实时供水调度修正

在上一时段调度结束后，实时调度信息采集系统将检验短期预报信息的准确性。当调度进行到某一时段末时，需要对前一时段的调度决策进行实时修正，缩小调度与实际情况的偏差。如果前一时段的调度决策出现偏差，将使时段末各状态参数和实时调度决策出现偏差，需要对供水调度决策进行实时修正。实时调度的滚动修正按调度时段进行，每过一个调度时段应根据新的信息和水情状态制定下一时段的水库调度决策，直到调度期结束。时段调度偏差的修正值为

$$\mathrm{Ob}_{t+i} = \mathrm{Ob}'_{t+i} + S_i \cdot \Delta\mathrm{Ob}_t \tag{6-20}$$

式中，Ob_{t+i} 为 $t + i$ 时段的调度目标；Ob'_{t+i} 为 $t + i$ 前一时段的调度目标；$\Delta\mathrm{Ob}_t$ 为 t 时段的调度偏差；S_i 为修正因子；$\sum\limits_{i=1}^{I} S_i = 1$，$I$ 为预留期时段数。

6.4　滦河流域水库群供水实时优化调度模型的求解与结果分析

根据预报资料对面临时段与后续时段的阶段决策的影响与作用不同，仅仅对面临若干时段的决策去实施，可以保证实施决策基本正确、有效。根据 2020 水平年设计保证率为 85% 的典型年资料，利用实时供水调度模型求出各水库相应时段旬的水库群供水调度结果，由于内容较多，所以分两个表格对水库实时供水调度结果进行表述，表 6-1 为于桥、邱庄、陡河水库实时调度结果，表 6-2 为大黑汀、桃林口、潘家口水库实时调度结果。

表 6-1　　于桥、邱庄、陡河水库实时调度结果　　　　　单位：×10⁴ m³

供水量 旬	于桥水库供水量				邱庄水库供水量				陡河水库供水量			
	供天津生活用水	供天津工业用水	时段初库容	时段末库容	供唐山生活用水	供唐山工业用水	时段初库容	时段末库容	供唐山生活用水	供唐山工业用水	时段初库容	时段末库容
1 月上	584	364	3 600	3 780	58	95	80	102	160	102	500	685
1 月中	668	342	3 780	3 842	61	78	102	134	151	87	685	744
1 月下	652	397	3 842	4 183	55	120	134	178	124	96	744	851
2 月上	752	458	4 183	5 024	48	152	178	201	175	124	851	981
2 月中	741	411	5 024	4 972	42	104	201	192	162	200	981	853
2 月下	762	427	4 972	4 673	58	97	192	185	158	80	853	776
3 月上	938	389	4 673	5 137	50	125	185	264	112	84	776	832
3 月中	927	415	5 137	6 049	49	149	264	358	109	79	832	861
3 月下	982	468	6 049	6 845	51	93	358	410	187	122	861	790
4 月上	1 204	455	6 845	7 581	56	152	410	562	70	143	790	812
4 月中	911	421	7 581	8 237	47	170	562	735	85	80	812	937
4 月下	1 357	501	8 237	9 214	60	124	735	891	45	72	937	1 024
5 月上	1 128	388	9 214	15 673	65	151	891	981	51	79	1 024	967
5 月中	927	625	15 673	22 684	71	124	981	1 564	38	65	967	1 238
5 月下	897	427	22 684	20 151	68	157	1 564	1 962	64	78	1 238	2 153
6 月上	625	305	20 151	28 518	71	102	1 962	2 598	58	81	2 153	3 057
6 月中	677	278	28 518	35 625	65	87	2 598	3 841	41	65	3 057	4 136
6 月下	638	267	35 625	33 567	60	124	3 841	4 532	48	81	4 136	4 287
7 月上	368	408	33 567	40 582	45	65	4 532	4 687	61	57	4 287	5 164
7 月中	376	446	40 582	42 089	52	79	4 687	5 321	78	41	5 164	6 573
7 月下	424	467	42 089	41 526	61	100	5 321	4 760	52	58	6 573	6 138
8 月上	428	413	41 526	40 263	35	95	4 760	3 547	24	71	6 138	6 236
8 月中	497	482	40 263	40 361	40	73	3 547	2 854	36	45	6 236	6 547
8 月下	394	462	40 361	41 589	51	84	2 854	2 584	48	35	6 547	6 245
9 月上	352	369	41 589	41 247	50	120	2 584	2 054	25	32	6 245	5 691

供水量 旬	于桥水库供水量				邱庄水库供水量				陡河水库供水量			
	供天津生活用水	供天津工业用水	时段初库容	时段末库容	供唐山生活用水	供唐山工业用水	时段初库容	时段末库容	供唐山生活用水	供唐山工业用水	时段初库容	时段末库容
9 月中	329	411	41 247	38 763	52	91	2 054	1 165	41	61	5 691	3 964
9 月下	371	377	38 763	37 582	45	110	1 165	1 054	38	51	3 964	4 156
10 月上	411	331	37 582	33 246	46	95	1 054	1 251	51	42	4 156	3 854
10 月中	435	415	33 246	38 572	55	87	1 251	852	38	130	3 854	4 013
10 月下	481	291	38 572	27 854	40	150	852	682	29	184	4 013	3 722
11 月上	501	413	27 854	20 158	71	114	682	751	51	145	3 722	2 854
11 月中	498	385	20 158	9 825	84	187	751	364	102	175	2 854	1 965
11 月下	436	308	9 825	7 628	54	84	364	241	87	155	1 965	1 057
12 月上	415	407	7 628	5 782	70	120	241	323	111	101	1 057	1 246
12 月中	506	537	5 782	4 161	51	94	323	159	98	140	1 246	961
12 月下	533	352	4 161	3 600	44	75	159	80	78	132	961	500

表6-2 桃林口、大黑汀、潘家口水库实时调度结果

单位：×10⁴ m³

供水量／旬	桃林口水库供水量					大黑汀水库供水量				潘家口水库供水量						
	供秦皇岛生活用水	供秦皇岛工业用水	供滦下农业用水	时段初库容	时段末库容	供唐山生活用水	供唐山工业用水	时段初库容	时段末库容	供天津生活用水	供天津工业用水	供唐山生活用水	供唐山工业用水	供滦下农业用水	时段初库容	时段末库容
1月上	457	365	0	5 100	5 624	324	488	11 300	12 517	825	1 245	421	534	0	154 000	163 215
1月中	335	401	0	5 624	5 862	128	647	12 517	14 682	927	1 134	387	522	0	163 215	172 541
1月下	421	510	0	5 862	6 241	164	757	14 682	13 571	857	987	402	687	0	172 541	145 367
2月上	258	385	0	6 241	7 083	158	660	13 571	16 789	924	1 025	352	534	0	145 367	126 784
2月中	247	342	0	7 083	6 584	247	547	16 789	14 262	945	868	185	257	0	126 784	135 273
2月下	305	289	0	6 584	6 700	205	647	14 262	15 324	1 023	1 245	204	326	0	135 273	159 844
3月上	421	398	2 457	6 700	7 021	332	500	15 324	17 826	958	954	285	524	2 037	159 844	165 923
3月中	285	412	2 103	7 021	6 214	287	457	17 826	20 573	857	1 357	301	581	1 854	165 923	178 254
3月下	300	356	2 437	6 214	5 900	181	387	20 573	18 532	724	875	156	468	1 952	178 254	163 521
4月上	504	524	1 562	5 900	7 824	307	440	18 532	20 146	958	1 457	263	626	1 875	163 521	189 654
4月中	257	337	1 037	7 824	11 527	287	412	20 146	18 627	857	1 036	198	587	1 954	189 654	153 872
4月下	189	285	2 237	11 527	10 200	196	387	18 627	19 852	754	864	157	734	2 031	153 872	168 532

续表

供水量\旬	桃林口水库供水量					大黑汀水库供水量				潘家口水库供水量						
	供秦皇岛生活用水	供秦皇岛工业用水	供滦下农业用水	时段初库容	时段末库容	供唐山生活用水	供唐山工业用水	时段初库容	时段末库容	供天津生活用水	供天津工业用水	供唐山生活用水	供唐山工业用水	供滦下农业用水	时段初库容	时段末库容
5 月上	360	357	1 385	10 200	12 536	188	365	19 852	17 583	1 038	929	123	657	1 657	168 532	176 854
5 月中	401	504	1 876	12 536	10 843	204	341	17 583	20 136	1 157	1 875	257	754	1 842	176 854	189 520
5 月下	322	443	1 327	10 843	13 300	157	298	20 136	19 958	1 344	754	214	543	2 043	189 520	170 521
6 月上	258	385	2 578	13 300	12 467	120	280	19 958	21 531	1 045	1 578	163	621	2 153	170 521	198 524
6 月中	305	461	1 154	12 467	11 372	157	307	21 531	23 672	987	1 682	176	645	2 314	198 524	169 833
6 月下	185	366	2 089	11 372	10 700	204	357	23 672	22 564	759	1 895	242	582	1 952	169 833	172 543
7 月上	181	292	1 200	10 700	15 324	152	260	22 564	25 983	857	2 367	108	502	2 145	172 543	152 498
7 月中	216	280	1 724	15 324	21 576	144	175	25 983	30 134	724	1 257	198	463	2 057	152 498	165 231
7 月下	160	341	2 359	21 576	22 000	123	304	30 134	29 634	957	1 058	121	534	2 213	165 231	176 258
8 月上	191	174	1 452	22 000	25 641	115	234	29 634	30 487	957	1 356	152	467	1 953	176 258	189 534
8 月中	226	394	1 987	25 641	18 465	157	257	30 487	32 689	1 147	1 597	146	513	1 624	189 534	205 642
8 月下	316	418	1 325	18 465	16 300	198	158	32 689	31 251	876	1 246	125	687	2 041	205 642	193 244

续表

旬	桃林口水库供水量					大黑汀水库供水量				潘家口水库供水量						
供水量	供秦皇岛生活用水	供秦皇岛工业用水	供滦下农业用水	时段初库容	时段末库容	供唐山生活用水	供唐山工业用水	时段初库容	时段末库容	供天津生活用水	供天津工业用水	供唐山生活用水	供唐山工业用水	供滦下农业用水	时段初库容	时段末库容
9月上	214	271	2 054	16 300	15 834	107	250	31 251	32 615	758	1 356	185	700	1 567	193 244	214 638
9月中	263	383	1 527	15 834	19 843	175	314	32 615	28 951	842	1 587	167	652	1 831	214 638	189 637
9月下	201	295	1 028	19 843	14 800	168	197	28 951	25 148	964	1 674	191	584	1 642	189 637	195 300
10月上	362	422	0	14 800	16 734	102	324	25 148	22 349	988	1 051	253	853	0	195 300	172 546
10月中	327	284	0	16 734	10 521	115	258	22 349	20 519	1 254	948	247	756	0	172 546	152 478
10月下	347	374	0	10 521	9 700	97	214	20 519	26 791	875	1 247	261	612	0	152 478	183 000
11月上	293	438	0	9 700	11 247	301	271	26 791	21 982	889	1 059	304	748	0	183 000	132 498
11月中	356	374	0	11 247	8 972	255	256	21 982	19 837	824	867	324	752	0	132 498	145 398
11月下	281	438	0	8 972	7 200	387	294	19 837	20 169	947	1 278	336	801	0	145 398	168 354
12月上	418	266	0	7 200	8 719	201	332	20 169	19 645	1 152	1 153	421	822	0	168 354	170 589
12月中	326	404	0	8 719	6 713	267	297	19 645	13 256	957	1 859	358	905	0	170 589	195 213
12月下	282	453	0	6 713	5 100	198	354	13 256	11 300	1 037	1 345	328	713	0	195 213	207 834

参 考 文 献

蔡龙山,雷晓云,葛斐.2006.塔里木灌区水库群实时调度研究.水利与建筑工程学报,4(2):29-31,51.

柴福鑫.2005.灌区水资源实时优化调度研究及应用.郑州:华北水利水电大学.

程根伟,舒栋材.2006.水文预报的理论与数学模型.北京:中国水利水电出版社.

董延军,蒋云钟,李杰,等.2008.南水北调中线供水实时优化调度研究.水电能源科学,26(5):119-123.

胡和平,曹永强,侯召成.2005.短期降雨预报精度的模糊风险评价方法研究.哈尔滨工业大学学报,
　37(5):577-580.

雷晓云,陈惠源,荣航仪,等.1996.水库群供水系统优化与实时调度研究.西北水资源与水工程,
　7(2):16-22.

李梅,刘俊萍,黄强.2007.水库实时优化调度余留库容的云决策方法研究.西北农林科技大学学报:自然
　科学版,35(3):238-244.

林柞顶.2007.水资源实时监测分析研究.南京:河海大学.

孟欣.2010.基于卡尔曼滤波理论的电力短期负荷预测模型.科技经济市场(6):3-4.

孙萍.2007.嵌入式实时操作系统的自适应调度算法研究.重庆:重庆大学:17-21.

叶兵.2004.基于遗传神经网络模型实时误差修正任意角测量系统.合肥:合肥工业大学:13-38.

原文林.2006.水电站水库优化调度模型研究.郑州:郑州大学.

张竟竟.2005.水库群实时调度的研究现状及解决问题的途径.吉林水利(10):34-36.

赵勇,裴源生,于福亮.2006.黑河流域水资源实时调度系统.水利学报,37(1):82-88,96.

第7章 水库群供水预警系统研究及其准确度分析

　　如何将水库供水调度理论更好的应用于实际是目前亟待解决的关键问题,本章提出的水库供水调度预警系统,充分考虑供水调度的实时性和不确定性的同时避免了因来用水预报误差而影响供水调度效果,本章通过分析水库径流的超越概率,仍然以缺水率最小为目标函数,采用前文论述的基于免疫进化的粒子群算法(IPSO)对水库供水调度模型进行求解,绘制水库群供水调度操作规线;并将水库群供水调度操作规线与供水计划相结合,同时应用模糊数学中模糊综合评价原理和信息熵原理,确定水库现状供水指标 D 和未来供水水情指标 S,以及水库供水预警指标 SAI,建立水库供水预警系统。根据对未来水情的估计,通过水库群现状水势指标和未来时段内的缺水量指标,确定水库群供水调度的风险程度及采取的应变措施,从而实现水库群供水调度的实时滚动修正,制定出不同利益趋势和风险偏好下的最佳供水调度策略;最后对此预警系统的风险和准确度进行计算分。计算表明,水库供水预警系统可以对未来水库供水进行实时调度,避免以往供水实时调度中对参数循环往复的修正,为水库供水调度提供了一种新途径,能为科学、合理地制定水库群供水策略提供优化与决策依据,对于降低供水调度风险、提高水资源利用率,具有重要的理论意义与应用前景。

7.1　引　　言

在入库径流、供水时间与供水量等众多不确定性因素共同作用下,实施跨流域水库群供水优化调度具有决策的风险性,对于未来时段入库径流预测的乐观与悲观性,融入决策者对不确定性因素的风险偏好,对缺水程度给予预警标示,如何在调度决策风险及调度效益之间寻求最佳平衡点,是该类研究领域的一个新趋势。因此,完善跨流域水库群供水调度的理论体系,是解决理论研究成果难以应用于生产实践的有效途径。结合实际问题,揭示大规模跨流域水库群供水优化调度系统的不确定性特征和风险因素,研制更加科学合理且便于实际应用的供水调度策略及预警机制(万芳等,2011)。因此,开展水库群供水优化调度与预警机制相关问题和关键技术研究,对于解决水资源时空分布不均,规避不确定性因素带来的调度决策风险,提高水资源利用率,实现国家“节水供水”政策,具有重要的科学研究价值和实践意义。

7.2　水库群供水调度操作规线

对于水库供水调度来说,关键问题在于对水库入库径流和供水区用水的可知程度,而它的不确定性及随机性使得预报存在一定误差。本书以长系列历史实测径流为基础,将时段入库流量视为不确定量,通过在水库群供水优化调度过程中绘制时段入库径流超越概率(黄强等,2005),其各月超越概率表示水库在不同丰枯季节下流量分布情形。针对不同时段当前来水超越概率对供水调度寻优,从而绘制水库供水调度操作规线。

7.2.1　时段入库径流超越概率

假定长系列历史实测径流资料蕴含了该水库所有的来水信息,由于面临时段来水的不确定性,本书应用韦布尔函数计算不同时段入库径流超越概率,对不同频率来水进行以缺水率最小为目标的供水优化计算。

相应不同来水的概率分布函数 $F(Q)$ 为

$$F(Q) = 1 - \exp\left[-\left(\frac{Q}{c}\right)^k\right] \tag{7-1}$$

式中,k 为形状参数,无量纲,本书取 $k = 2$;c 为尺度参数,采用平均流量。Q 为实测流量,m³/s。

7.2.2　　水库供水操作规线

同第 4 章、第 5 章的理论和实际调度规则,对水库群 1956 ~ 2000 年共 45 年 的长系列进行供水优化计算,以最大缺水率最小为目标函数,应用基于免疫进化的粒子群算法(IPSO)对水库群进行计算,得出不同时段当前来水超越概率对供水调度寻优,从而绘制水库供水调度操作规线。

7.3　　供水预警指标

应用模糊数学理论,建立水库现状供水评价指标 D 和水库未来水情指标 S,并应用信息熵(information entropy)的原理,确定水库供水预警灯号数及供水预警指标 SAI。

7.3.1　　现状水库供水指标 D 的确定

应用模糊综合评价决策(谢季坚和刘承平,2005)对水库现状供水指标 D 进行分析。模糊综合评判决策是对受多种因素影响的情况作出全面评价的一种十分有效的多因素决策方法,故又称为模糊综合决策或模糊多元决策。

设 $U = \{u_1, u_2, \cdots, u_n\}$ 为 n 种因素或指标,$V = \{v_1, v_2, \cdots, v_m\}$ 为 m 种评判,它们的元素个数和名称均根据实际问题需要主观的规定。由于各种因素所处的地位和作用不同,所以权重也不同,因而评判也就不同。对 m 种评判并不是绝对的肯定或否定,因此综合评判是 V 上的一个模糊子集 $\widetilde{B}$:

$$\widetilde{B} = (b_1, b_2, \cdots, b_m) \in \xi(V) \tag{7-2}$$

式中,$b_j(j = 1, 2, \cdots, m)$ 反映了第 j 种评判 V_j 在综合评判中所占的地位,即 V_j 对模糊集 $\widetilde{B}$ 的隶属度,$\widetilde{B}(v_j) = b_j$。综合评判 $\widetilde{B}$ 依赖于各个因素的权重,它是 U 上的模糊子集 $A = (a_1, a_2, \cdots, a_n) \in \xi(U)$,且 $\sum_{i=1}^{n} a_i = 1$,其中 a_i 表示第 i 种因素的权重。所以一旦给定权重 A,相应的可得到综合评判 $\widetilde{B}$。同时需要建立一个从 U 到 V 的模糊变换 $\widetilde{T}$,如果对每一个因素 u_i 单独作一个评判 $\widetilde{f}(u_i)$,就可以看成是 U 到 V 的模糊映射 $\widetilde{f}$,即

$$\widetilde{f} : U \rightarrow \xi(V) \tag{7-3}$$

$$u_i \mapsto \tilde{f}(u_i) = (r_{i1}, r_{i2}, \cdots, r_{im}) \in \xi(V) \tag{7-4}$$

由 $\tilde{f}$ 可诱导出一个 U 到 V 的模糊线性变换 $\tilde{T}_f$，故可以把 $\tilde{T}_f$ 看成是由权重 A 得到的综合评判 B 的数学模型，模糊映射 $\tilde{f}$ 可诱导出模糊关系 $\tilde{R}_f \in \xi(U \times V)$，即

$$\tilde{R}_f(u_i, v_f) = \tilde{f}(u_i)(v_i) = r_{ij} \tag{7-5}$$

因此 $\tilde{R}_f$ 可由模糊矩阵 $R \in \mu_{n \times m}$ 表示：

$$R = \left\{ \begin{array}{cccc} r_{11} & r_{12} & \cdots & r_{1m} \\ r_{21} & r_{22} & \cdots & r_{2m} \\ \vdots & \vdots & & \vdots \\ r_{n1} & r_{n2} & \cdots & r_{nm} \end{array} \right\} \tag{7-6}$$

R 为单因素评判矩阵，模糊关系 $\tilde{R}$ 可诱导出 U 到 V 的模糊线性变换 $\tilde{T}_f$。

故 (U, V, R) 构成一个模糊综合决策模型，U, V, R 是模型的三个要素。所以对于权重 $A = (a_1, a_2, \cdots, a_n)$，取 max-min 合成运算，即用模型 $M(\wedge, \vee)$ 计算，可得综合评判 $\tilde{B}$：

$$\tilde{B} = A \circ R \tag{7-7}$$

本研究将影响水库供水的因子作为指标集 $U = \{u_1, u_2, \cdots, u_n\}$。其中，$u_1$——雨量，$u_2$——流量，$u_3$——水库蓄水量，$u_4$——水库入库流量，$u_5$——地下水位，$u_6$——可供水量。将水库供水的缺水等级作为评判集 $V = \{v_1, v_2, \cdots, v_m\}$，其中 v_1——无缺水，v_2——轻度缺水，v_3——中度缺水，v_4——严重缺水，v_5——特严重缺水。对于权重 $A = (a_1, a_2, \cdots, a_n)$，由式(7-7)计算综合评判 $\tilde{B}$。

用指标 D 来量化水库现状供水的缺水程度[$D = (1, 2, \cdots, 5)$]：$D = 1$ 为无缺水；$D = 2$ 为轻度缺水；$D = 3$ 为中度缺水；$D = 4$ 为严重缺水；$D = 5$ 为特严重缺水。

7.3.2　未来水库供水水情指标 S 的确定

水库未来供水能力与水库现状蓄水量和水库未来入流都息息相关。由于入库径流预报受不确定因素影响较大，将会影响供水调度决策者对未来供水能力的正确评估。因此，本书参照第 3 章的水文预报并应用入库径流超越概率推估未来时段可能入库流量，根据水库计划供水量与供水调度模拟计算结果的差值制订水库未来供水的缺水指标 S，故 S 可表达为式(7-8)，用 S 量化未来水库供水的缺水程度，不同程度指标见表 7-1。

$$S = \left(1 - \frac{Q_{供}}{Q_{需}}\right) \times 100\% \tag{7-8}$$

表 7-1　未来水库供水水情指标 S 的确定

指标 S	1(无缺水)	2(轻度缺水)	3(中度缺水)	4(严重缺水)	5(特严重缺水)
缺水率 /%	0	0 ~ 15	15 ~ 25	25 ~ 35	> 35

用指标 S 来量化水库未来供水的缺水程度$[S = (1,2,\cdots,5)]$：$S = 1$ 为无缺水；$S = 2$ 为轻度缺水；$S = 3$ 为中度缺水；$S = 4$ 为严重缺水；$S = 5$ 为特严重缺水。

7. 3. 3　供水预警指标的计算

1. 预警灯号的确定

未来水库供水的缺水程度是一个随机事件，熵（刘丙军等，2005）是系统状态不确定性的一种度量，信息论是一门应用概率论与数理统计方法研究信息处理和传递的科学，在此应用信息熵来确定缺水程度的预警信号的个数。

假设随机事件 x 有 n_0 种可能的状态，每种状态出现的概率为 $p_i(i = 1, 2, \cdots, n_0)$，则不确定事件 x 的信息熵 $H(x)$ 表示为

$$H(x) = -\sum_{i=1}^{n_0} p_i \log_2(p_i) \tag{7-9}$$

当系统概率为等概率时，则 $p_i = \dfrac{1}{n_0}$，将其代入式(7-9)中得 $H(x)$ 为

$$H(x) = -\sum_{i=1}^{n_0} \frac{1}{n_0} \log_2\left(\frac{1}{n_0}\right) = \log_2(n_0) \tag{7-10}$$

对于相关联的事件 x,y，其不确定性可表示为 $H(x,y)$：

$$H(x,y) = -\sum_{i,j}^{n_1 n_2} p_{ij} \log_2(p_{ij}) \tag{7-11}$$

式中，p_{ij} 为相关联事件 x,y 共同作用下的状态出现概率，n_1，n_2 分别为 x,y 出现的可能状态。本书中指现状供水状况 D 和未来供水指标 S 共同影响下水库不同缺水状况出现的概率。$H(x,y)$ 即为近似的预警灯号数。

假设 p_{ij} 为等概率时，则 $p_{ij} = \dfrac{1}{n_1 n_2}$，类似于式(7-10)：

$$H(x,y) = -\sum_{i,j}^{n_1 n_2} \frac{1}{n_1 n_2} \log_2\left(\frac{1}{n_1 n_2}\right) = \log_2(n_1 n_2) \tag{7-12}$$

假设 D,S 分别有 n_D，n_S 种可能的状态，由上文可知，n_D，n_S 均等于 5。$H(x,y) = \log_2(n_D n_S) = \log_2 25 \approx 5$，故设定为 5 个预警灯号，按常规习惯，灯号（$m_0$）分别表示为：绿灯（G 无缺水）；蓝灯（B 轻度缺水）；黄灯（Y 中度缺水）；

橙灯(O 严重缺水);红灯(R 特严重缺水)。

2. 供水预警指标 SAI 的计算

供水预警指标 SAI 是结合水库现状供水指标 D 和未来供水指标 S 所反应未来水库供水调度策略的优良程度,所以 SAI 不仅与 D、S 有关,且 S 应占有更大的比重,D、S 之间相互作用关系可用一个比较直接的非线性表达式来表示,即为 DS^k,故 SAI 可用对数表示为

$$\text{SAI} = \log_{n_D}(D) + k\log_{n_S}(S) \qquad (7\text{-}13)$$

式中,$n_D = n_S = 5$,$D = (1,2,\cdots,5)$,$S = (1,2,\cdots,5)$,故 $0 \leqslant \text{SAI} \leqslant k+1$,$k$ 为非负整数($k \neq 1$)。SAI 在不同区间表示不同的灯号,设定 SAI 的判断上限(ul)为

$$\text{ul} = k\frac{i-1}{m_0-1} + 1 \quad (i = 1,2,\cdots,m_0; m_0 = 5) \qquad (7\text{-}14)$$

当 $k = 2$ 时,代入式(7-12) 得:

$$\text{SAI} = \log_5(DS^2) \quad D = 1,2,\cdots,5; S = 1,2,\cdots,5 \qquad (7\text{-}15)$$

由式(7-13) 计算可知 ul $= (1,1.5,2.5,3)$。SAI 的预警指数范围为:$0 \leqslant \text{SAI} \leqslant 1$;$1 \leqslant \text{SAI} \leqslant 1.5$;$1.5 \leqslant \text{SAI} \leqslant 2$;$2 \leqslant \text{SAI} \leqslant 2.5$;$2.5 \leqslant \text{SAI} \leqslant 3$,其供水预警指标见表 7-2。

表 7-2　供水预警指标相应范围的确定

预警灯号	绿灯(G)	蓝灯(B)	黄灯(Y)	橙灯(O)	红灯(R)
预警指数范围	$0 \leqslant \text{SAI} \leqslant 1$	$1 \leqslant \text{SAI} \leqslant 1.5$	$1.5 \leqslant \text{SAI} \leqslant 2$	$2 \leqslant \text{SAI} \leqslant 2.5$	$2.5 \leqslant \text{SAI} \leqslant 3$
警戒程度	正常	警戒	提高警戒	高度警戒	严重警戒

将不同的 D,S 组合代入式(7-15),并结合 SAI 灯号区间得到表 7-3:灯号预警分类。

表 7-3　SAI 计算值及预警灯号分类

现状水库供水 指标分析 D	未来水库供水水情指标分析 S				
	1(无缺水)	2(轻度缺水)	3(中度缺水)	4(严重缺水)	5(特严重缺水)
1(无缺水)	0(G)	0.86(G)	1.36(B)	1.72(Y)	2.00(Y)
2(轻度缺水)	0.43(G)	1.29(B)	1.80(Y)	2.15(O)	2.43(O)
3(中度缺水)	0.68(G)	1.54(Y)	2.05(O)	2.41(O)	2.68(R)
4(严重缺水)	0.86(G)	1.72(Y)	2.23(O)	2.58(R)	2.86(R)
5(特严重缺水)	1(G)	1.86(Y)	2.37(O)	2.72(R)	3.00(R)

当 $k > 2$ 时,式(7-13)不能把预警灯号完全表现出来,故确定式(7-13)中 $k = 2$。即式(7-15)为供水预警指标的 SAI 的计算公式。

7.4　供水应变

当计算出不同的预警灯号时,应对水库的供水进行相应缺水应变措施。以潘家口水库为例,同时结合第 4、5、6 章的计算结果和潘家口水库给天津、唐山、滦河下游农业灌溉的分水比例,制定潘家口水库在不同预警灯号下的供水应变措施见表 7-4。

表 7-4　不同预警灯号下潘家口水库的供水应变措施

供水预警指标	灯号	天津供水	唐山供水	滦河下游农业供水
$0 \leqslant SAI \leqslant 1$	绿灯(G)	满足生活、工业供水	满足生活、工业供水	$6.6 \times 10^8 \ m^3$
$1 \leqslant SAI \leqslant 1.5$	蓝灯(B)	满足生活、工业供水	满足生活供水,工业供减小5% 左右	$6.4 \times 10^8 \ m^3$
$1.5 \leqslant SAI \leqslant 2$	黄灯(Y)	满足生活供水,适当减少工业供水,生活工业总供水量为 $10 \times 10^8 \ m^3$	满足生活供水,适当减少工业供水,生活工业总供水量为 $3.2 \times 10^8 \ m^3$	$6.3 \times 10^8 \ m^3$
$2 \leqslant SAI \leqslant 2.5$	橙灯(O)	满足生活供水,适当减少工业供水,限制大型用水户不急用水量;生活工业总供水量为 $8 \times 10^8 \ m^3$	满足生活供水,适当减少工业供水,停用大型用水户不急用水量;生活工业总供水量为 $3.1 \times 10^8 \ m^3$	$3.9 \times 10^8 \ m^3$
$2.5 \leqslant SAI \leqslant 3$	红灯(R)	尽量满足生活供水,适当减少工业供水,停用大型用水户不急用水量;生活工业总供水量为 $6.6 \times 10^8 \ m^3$	尽量满足生活供水,适当减少重要工业供水,对次用工业用水禁用;生活工业总供水量为 $3 \times 10^8 \ m^3$	$1.4 \times 10^8 \ m^3$

7.5　供水预警系统的风险和准确度分析

7.5.1　供水预警的风险分析

风险泛指在特定的环境下,系统中发生非期望事件。对于本书建立的供水预警系统的风险（Huang and Yang，2008）是指计算的期望预警灯号与相应来水概率不符事件。如果来水较丰或来水较平稳，则预警灯号比较容易确定，且一般与实际情况比较符合，但当来水存在潜在的较大的变化，例如，来水 Q_{10} 到 Q_{95} 得灯号从绿灯（G）到红灯（R），则最后就很难做预警决策。因此，要对预警系统进行风险分析。

假设未来 T_0 个时段，其来水概率从 Q_5 到 Q_{95} 之间变换，则在 t 时段，对于不同来水概率的预警指标描述见表 7-5。

表 7-5　不同时段各来水概率的供水预警分析

来水情况 θ_i	不同来水概率 $p_t(\theta_i)$	$SAI(t=1)$	$SAI(t=2)$	$\cdots$	$SAI(t=n)$
Q_5	$P_t(Q_5)$	$\log_5(D_1 S_1^2)Q_5$	$\log_5(D_2 S_2^2)Q_5$	$\cdots$	$\log_5(D_n S_n^2)Q_5$
Q_{10}	$P_t(Q_{10})$	$\log_5(D_1 S_1^2)Q_{10}$	$\log_5(D_2 S_2^2)Q_{10}$	$\cdots$	$\log_5(D_n S_n^2)Q_{10}$
Q_{20}	$P_t(Q_{20})$	$\log_5(D_1 S_1^2)Q_{20}$	$\log_5(D_2 S_2^2)Q_{20}$	$\cdots$	$\log_5(D_n S_n^2)Q_{20}$
$\cdots$	$\cdots$	$\cdots$	$\cdots$	$\cdots$	$\cdots$
Q_{95}	$P_t(Q_{95})$	$\log_5(D_1 S_1^2)Q_{95}$	$\log_5(D_2 S_2^2)Q_{95}$	$\cdots$	$\log_5(D_n S_n^2)Q_{95}$

由上表可知，期望的供水预警指标 SAI 可表达为

$$E(\mathrm{SAI}) = \sum_{t=1}^{n} W_t \sum_{\theta_i=Q_5}^{Q_{95}} p_t(\theta_i)\log_5(D_t S_t^2)_{\theta_i} \qquad (7\text{-}16)$$

权重的确定拟通过退水曲线的概念，t 时段的影响权重 W_t 可表示为

$$W_t = \frac{\mathrm{e}^{-\lambda(t-1)}}{\displaystyle\sum_{t=1}^{T_0} \mathrm{e}^{-\lambda(t-1)}} \qquad (7\text{-}17)$$

式中，W_t 为 t 时段的供水预警指标权重，其中 $0 \leqslant W_t \leqslant 1$，$\sum_{t=1}^{T_0} W_t = 1$，$T_0$ 为未来的时段数。

随着时段 t 的向后推移，其对预警灯号的影响将是逐渐递减的，则递减状态可由图 7-1 描述。

由图 7-2 可以看出，当 $t=1$ 时（本书指未来第 1 个月），W_1 随着参数 λ 的增加逐渐上升；当 $t=2$ 和 $t=3$（即在未来第 2 个和第 3 个月）时，W_2 和 W_3 随着参数 λ 的增加逐渐下降，且 W_3 的下降速度

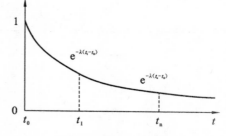

图 7-1　考虑未来时间影响的递减状态

更快，这说明越是面临时段对供水预警指标和灯号的影响越大，但也不能忽视未来几个时段对预警系统的影响，因此对于参数 λ 的选择关系到供水预警

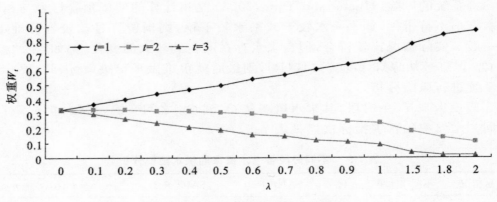

图 7-2　权重随参数 λ 的变化情况

灯号确定。综上分析，同时根据图 7-1 和图 7-2 取退水常数的参数 λ = 0.2，即考虑面临时段的对预警的影响程度，又注重未来时段对权重的作用，此时 $W_1 = 0.40, W_2 = 0.33, W_3 = 0.27$。

根据上述指标的计算，可建立未来时段的水库供水预警决策系统，在未来时段内，考虑到时距的影响，当未来 t 时刻累积频率为 P，未来水情情势为 θ_t 时，可得到含时间效应的供水调度预警指标，如式（7-18）所示。

$$\text{SAI}_p = \frac{e^{-\lambda(t-1)}}{\sum\limits_{t=1}^{T_0} e^{-\lambda(t-1)}} \sum\limits_{t=1}^{T_0} \left[\log_5 (D_t \times S_t^2)_{\theta} \right] \tag{7-18}$$

7.5.2　供水预警的准确度分析

应用矩形方阵对供水预警系统准确度进行分析，以表 7-6 中实例进行具体说明和介绍。

表 7-6　潘家口水库 1956 ~ 2000 年供水预警灯号准确度矩阵

（计算）预测灯号 i	实际灯号（j）					$CA_i / \%$
	G	B	Y	O	R	
G	355	32	13	4	0	87.87
B	13	18	16	9	8	28.12
Y	6	5	8	14	6	20.51
O	5	0	4	10	3	45.45
R	0	2	2	1	6	54.54
$PA_j / \%$	93.67	31.58	18.60	26.31	26.08	—

此方形矩阵中,假设计算的预警灯号用 i 表示($i=1,2,3,4,5$),分别代表灯号(G,B,Y,O,R),实际灯号用 j 表示,同理($j=1,2,3,4,5$)分别代表灯号(G,B,Y,O,R)。显然当 $i=j$ 时,表明计算灯号与实际情况相符;当 $i<j$ 时,表明计算的预测灯号过于理想化,实际的缺水程度比较高;当 $i>j$ 时,表明计算的预测灯号过于保守,实际比预期的缺水程度轻。

预警的整体准确度(overall accuracry,OA)可用下式进行描述:

$$OA = \frac{\sum\limits_{i=1}^{5} x_{ii}}{N} \tag{7-19}$$

式中,N 指灯号的总体数目 $N = \sum\limits_{i=1}^{5}\sum\limits_{j=1}^{5} x_{ij}$,对于表 7-6 的例子中,1956 ~ 2000 年共 45 年以月为计算单位时,$N = 12 \times 45 = 540$。表 7-6 中,OA = 73.52%。

第 i 个灯号的准确度(calculation accuracry,CA)用式(7-20)进行描述:

$$CA_i = \frac{x_{ii}}{\sum\limits_{j=1}^{5} x_{ij}} \quad \forall i \tag{7-20}$$

第 j 个灯号的准确度(produce accuracry,PA)用式(7-21)进行描述:

$$PA_j = \frac{x_{jj}}{\sum\limits_{i=1}^{5} x_{ij}} \quad \forall j \tag{7-21}$$

当 $i<j$ 时,我们称之为低估误差(underestimate rate,UR),可用式(7-22)进行描述:

$$UR = \frac{\sum\limits_{\forall i}\sum\limits_{\forall j} x_{ij}}{N} \quad i<j \tag{7-22}$$

表 7-6 中,UR = 19.44%。

当 $i>j$ 时,我们称之为高估误差(overestimate rate,OR),可用式(7-23)进行描述:

$$OR = \frac{\sum\limits_{\forall j}\sum\limits_{\forall i} x_{ij}}{N} \quad i>j \tag{7-23}$$

表 7-6 中,OR = 7.04%。

由式(7-19)、式(7-22)和式(7-23)可知 OA+UR+OR = 1。其中 UR 和 OR 在方阵中分别在上三角和下三角,可用图 7-3 抽象地表示出来。

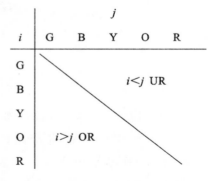

图 7-3　UR 和 OR 分布抽象图

当 UR＞OR 时，预测的比较乐观但比较冒险；当 UR＜OR 时，预测的比较悲观但比较保守，我们可用风险指数（risk index，RI）表示决策者的态度，如式（7-24）所示：

$$RI = \sum_{\forall i} \sum_{\forall j} (i - j) \cdot x_{ij} \tag{7-24}$$

其中 $|i-j|$ 表示 x_{ij} 的权重，$|i-j|$ 的值越大，表示预测的预警灯号与实际的预警灯号差别越大，反之则差别越小，例如，x_{53} 表示预测的预警灯号为红灯（R），而实际的预警灯号为黄灯（Y），预测和实际相差 2 个灯号程度。当 $i＜j$ 时，RI＜0 表示低估预测比较冒险；当 $i=j$ 时，RI＝0 表示比较中立；当 $i＞j$ 时，RI＞0 表示高估预测比较保守。表 7-6 中，RI ＝－ 97。

7.6　实 例 分 析

以潘家口水库为例，对本书建立的供水预警系统进行计算和分析。

图 7-4 为潘家口水库入库径流超越概率曲线；图 7-5 为潘家口水库供水调度操作规线。

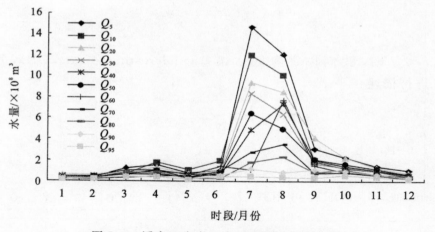

图 7-4　潘家口水库入库径流超越概率曲线

本书以 1995 年为例，对潘家口水库现状供水指标 D、未来供水水情指标 S 和供水预警指标 SAI 进行计算，并对 1996 年 1 ～ 3 月份水库供水情势进行实时调度，计算结果见表 7-7 和表 7-8。

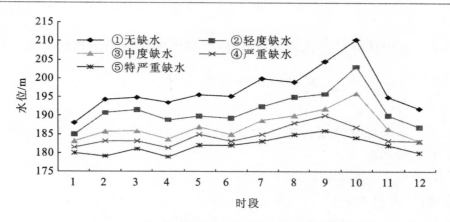

图 7-5　潘家口水库供水调度操作规线

表 7-7　1995 年潘家口水库现状供水分析

1995 年情况	1 月	2 月	3 月	4 月	5 月	6 月	7 月	8 月	9 月	10 月	11 月	12 月
水库水位 /m	188	192	194	198	200	212	214	216	213	196	200	208
水库有效蓄水 /%	23.45	28.76	31.78	37.88	40.95	65.37	70.28	75.19	67.82	34.85	40.95	56.55
入库水量 / ×10^8 m^3	0.40	0.42	0.69	0.82	1.05	1.10	4.27	9.03	2.70	2.57	1.45	0.74
入库超越概率 /%	18.60	25.32	11.98	35.20	44.64	23.76	58.29	91.42	83.19	76.33	67.20	59.30
现状供水指标 D	3	3	2	2	2	1	1	1	1	2	2	3

表 7-8　1995 年 12 月未来三个月水库供水调度情况分析($T_0 = 3$)

θ_i	$t=1$ （1 月）			$t=2$ （2 月）			$t=3$ （3 月）		
	$P_1(\theta_i)$	$\Sigma P_1(\theta_i)$	SAI	$P_1(\theta_i)$	$\Sigma P_1(\theta_i)$	SAI	$P_1(\theta_i)$	$\Sigma P_1(\theta_i)$	SAI
Q_{10}	5.20%	5.20%	0.43	8.40%	8.40%	0.43	6.70%	6.70%	0.86
Q_{20}	11.20%	16.40%	0.43	13.80%	22.20%	0.86	12.30%	19%	1.36
Q_{30}	5.60%	22.00%	0.68	6.30%	28.50%	1.29	6.20%	25.20%	1.36
Q_{40}	6.40%	28.40%	1.29	10.40%	38.90%	1.29	20.40%	45.60%	1.36
Q_{50}	13.50%	41.90%	1.29	13.60%	52.50%	1.29	15.70%	57.40%	1.36
Q_{60}	20.58%	62.48%	1.29	7.10%	59.60%	1.29	11.80%	73.10%	1.72
Q_{70}	12.31%	74.79%	1.29	6.20%	65.80%	1.36	7.80%	80.90%	1.80
Q_{80}	6.45%	81.24%	1.36	15.30%	81.10%	1.36	6.50%	87.40%	1.80
Q_{90}	12.36%	94%	1.36	10.80%	92%	1.80	5.60%	93%	1.86
Q_{95}	6.40%	100%	1.36	8.10%	100%	1.80	7%	100%	1.86
$E(\text{SAI})_t$		1.13			1.26			1.51	
权重 W_t		0.40			0.33			0.27	

将表 7-8 中计算结果代入式(7-16)，得到的期望的供水预警指标 SAI 为

$$E(\mathrm{SAI}) = \sum_{t=1}^{n} W_t \sum_{\theta_i = Q_5}^{Q_{95}} p_t(\theta_i) \log_5 (D_t S_t^2)_{\theta_i} = 0.4 \times 1.13 + 0.33 \times 1.26$$
$$+ 1.97 \times 1.51 = 1.28$$

将表 7-8 中计算结果代入式(7-18)，则未来三个月累积频率 $P = 80\%$ 时水库供水预警指标为

$$\mathrm{SAI}_{80\%} = 0.4 \times 1.36 + 0.33 \times 1.36 + 0.27 \times 1.80 = 1.48$$

同理，计算可得 $\mathrm{SAI}_{70\%} = 1.43$；$\mathrm{SAI}_{90\%} = 1.62$；$\mathrm{SAI}_{100\%} = 1.64$，说明累计概率越大，则供水预警指标越保守(图 7-6 有进一步说明)。

由表 7-7 可以看出，在 1995 年 12 月份潘家口水库的水位为 208 m，占水库有效蓄水的 56.55%，根据表 7-8 的计算得出期望的供水预警指标 $E(\mathrm{SAI}) = 1.28$，灯号为蓝灯($1 < \mathrm{SAI} \leqslant 1.5$)，与实际供水情况相符，根据表 7-4 的供水应变措施，此时满足天津的生活和工业用水，满足唐山的生活供水，对唐山工业供水减少 5% 左右，对滦河下游农业供水 6.4×10^8 m³。

(1 月，2 月，3 月)出现绿灯 $G(0 < \mathrm{SAI} \leqslant 1)$ 的概率为(22.00%，22.20%，6.70%)，出现蓝灯 $B(1 < \mathrm{SAI} \leqslant 1.5)$ 的概率为(78.00%，58.90%，54.60%)，出现黄灯 $Y(1.5 < \mathrm{SAI} \leqslant 2)$ 的概率为(0%，18.90%，38.70%)，灯号从绿灯 G 变化到黄灯 Y，而且出现蓝灯 B 的概率最高，此时未来三个月的供水预警灯号相应的比较好判断，最终确定为蓝灯 B，且此时计算值与实际情况相符。

表 7-9 为计算 1997 年 2 月未来三个月的供水预警情况。

表 7-9　1997 年 2 月未来三个月水库供水调度情况分析($T_0 = 3$)

θ_i	$t = 1$ （3月）			$t = 2$ （4月）			$t = 3$ （5月）		
	$P_1(\theta_i)$	$\Sigma P_1(\theta_i)$	SAI	$P_1(\theta_i)$	$\Sigma P_1(\theta_i)$	SAI	$P_1(\theta_i)$	$\Sigma P_1(\theta_i)$	SAI
Q_{10}	8.50%	8.50%	0.86	5.40%	5.40%	0.43	5.60%	5.60%	1.29
Q_{20}	11.20%	19.70%	1.86	7.20%	12.60%	1.29	4.90%	10.50%	2.05
Q_{30}	15.30%	35.00%	1.86	11.40%	24.00%	1.29	13.80%	24.30%	2.41
Q_{40}	20.40%	55.40%	2.37	16.70%	40.70%	1.72	10.20%	34.50%	2.41
Q_{50}	9.40%	64.80%	2.37	6.10%	46.80%	1.72	5.60%	40.10%	2.43
Q_{60}	10.50%	75.30%	2.37	13%	60.00%	2.41	7.90%	48.00%	2.43
Q_{70}	4.20%	79.50%	2.37	20.50%	80.50%	2.41	20.40%	68.40%	2.43

θ_i	$t=1$（3月）			$t=2$（4月）			$t=3$（5月）		
	$P_1(\theta_i)$	$\Sigma P_1(\theta_i)$	SAI	$P_1(\theta_i)$	$\Sigma P_1(\theta_i)$	SAI	$P_1(\theta_i)$	$\Sigma P_1(\theta_i)$	SAI
Q_{80}	11.80%	91.30%	2.37	7.60%	88.10%	2.41	15.30%	83.70%	2.72
Q_{90}	5.30%	96.60%	2.37	4.50%	92.60%	2.41	6.80%	90.50%	3
Q_{95}	3.40%	100.00%	2.37	7.40%	100.00%	2.41	9.50%	100.00%	3
$E(\text{SAI})_t$	2.08			1.93			2.48		
权重 W_t	0.40			0.33			0.27		

将表 7-9 中计算结果代入式（7-16），得到的期望的供水预警指标 SAI 为

$$E(\text{SAI}) = \sum_{t=1}^{n} W_t \sum_{\theta_i=Q_5}^{Q_{95}} p_t(\theta_i) \log_5(D_t S_t^2)_{\theta_i} = 0.4 \times 2.08 + 0.33 \times 1.93$$
$$+ 0.27 \times 2.48 = 2.14$$

将表 7-9 中计算结果代入式（7-18），则未来三个月累积频率 $P = 80\%$ 时水库供水预警指标为

$$\text{SAI}_{80\%} = 0.4 \times 2.37 + 0.33 \times 2.41 + 0.27 \times 2.72 = 2.48$$

同理，计算可得 $\text{SAI}_{70\%} = 2.40$；$\text{SAI}_{90\%} = 2.55$；$\text{SAI}_{100\%} = 2.55$，说明累计概率越大，则供水预警指标越保守（图 7-6 有进一步说明）。

在 1997 年 2 月份潘家口水库的水位为 187 m，占水库有效蓄水的 22.36%，现状等级 D 为 3。根据表 7-9 的计算得出期望的供水预警指标 $E(\text{SAI}) = 2.14$，灯号为橙灯（$2 < \text{SAI} \leqslant 2.5$），与实际供水情况相符，根据表 7-4 供水应变措施，此时对于天津满足生活供水，适当减少工业供水，限制大型用水户不急用水量，生活工业总供水量为 8×10^8 m³；对于唐山满足生活供水，适当减少工业供水，停用大型用水户不急用水量，生活工业总供水量为 3.1×10^8 m³；滦河下游农业供水 3.9×10^8 m³。

（3 月，4 月，5 月）出现绿灯 G（$0 < \text{SAI} \leqslant 1$）的概率为（8.50%，5.40%，0%），出现蓝灯 B（$1 < \text{SAI} \leqslant 1.5$）的概率为（0%，18.60%，5.60%），出现黄灯 Y（$1.5 < \text{SAI} \leqslant 2$）的概率为（26.5%，41.4%，0%），出现橙灯 O（$2 < \text{SAI} \leqslant 2.5$）的概率为（65.00%，53.00%，62.80%），出现红灯 R（$2.5 < \text{SAI} \leqslant 3$）的概率为（0%，0%，31.60%）。灯号从绿灯 G 变化到红灯 R，未来三个月的最终灯号难以判断，但出现橙灯 O 的概率最高，而出现黄灯 Y 的等级也较高；同时，根据对 5 月份以后来水的预测和分析，其来水较干旱，结合以上不同概率的供水预警灯号分析，最终确定未来三个月为橙灯 O，且计算值与实际情况相符。

对 1998 年 2 月未来三个月的供水预警分析如表 7-10 所示。

表 7-10　1998 年 2 月未来三个月水库供水调度情况分析($T_0 = 3$)

θ_i	$t=1$（3月）			$t=2$（4月）			$t=3$（5月）		
	$P_1(\theta_i)$	$\Sigma P_1(\theta_i)$	SAI	$P_1(\theta_i)$	$\Sigma P_1(\theta_i)$	SAI	$P_1(\theta_i)$	$\Sigma P_1(\theta_i)$	SAI
Q_{10}	1.50%	1.50%	0.43	11.30%	11.30%	0.68	6.40%	6.40%	0.43
Q_{20}	2.50%	4.00%	0.43	10.60%	21.90%	1	4.30%	10.70%	0.86
Q_{30}	9.30%	13.30%	0.86	7.20%	29.10%	1.29	12.60%	23.30%	2.05
Q_{40}	12.70%	26.00%	1.54	5.10%	34.20%	1.29	21.10%	44.40%	2.05
Q_{50}	15.60%	41.60%	1.86	21.50%	55.70%	1.29	9.80%	54.20%	2.05
Q_{60}	23.40%	65.00%	1.86	13.60%	69.30%	1.8	6.30%	60.50%	2.23
Q_{70}	14.30%	79.30%	1.86	7.90%	77.20%	1.8	7.20%	67.70%	2.23
Q_{80}	6.70%	86.00%	1.86	3.20%	80.40%	2.05	8.50%	76.20%	2.41
Q_{90}	8.20%	94.20%	1.86	10.60%	91.00%	2.05	20.60%	96.80%	2.43
Q_{95}	5.80%	100.00%	1.86	9.00%	100.00%	2.05	3.20%	100.00%	2.43
$E(\text{SAI})_t$	1.66			1.47			2.04		
权重 W_t	0.40			0.33			0.27		

将表 7-10 中计算结果代入式(7-16)，得到的期望的供水预警指标 SAI 为

$$E(\text{SAI}) = \sum_{t=1}^{n} W_t \sum_{\theta_i = Q_5}^{Q_{95}} p_t(\theta_i) \log_5 (D_t S_t^2)_{\theta_i} = 0.4 \times 1.66 + 0.33 \times 1.47$$
$$+ 0.27 \times 2.04 = 1.70$$

将表 7-10 中计算结果代入式(7-18)，则未来三个月累积频率 $P=80\%$ 时水库供水预警指标为

$$\text{SAI}_{80\%} = 0.4 \times 1.86 + 0.33 \times 2.05 + 0.27 \times 2.41 = 2.07$$

同理，计算可得 $\text{SAI}_{70\%} = 1.94$；$\text{SAI}_{90\%} = 2.08$；$\text{SAI}_{100\%} = 2.08$，说明累计概率越大，则供水预警指标越保守(图 7-6 有进一步说明)。

在 1998 年 2 月份潘家口水库的水位为 195 m，占水库有效蓄水的 33.36%，现状等级 D 为 2。根据表 7-10 的计算得出期望的供水预警指标 $E(\text{SAI}) = 1.70$，灯号为黄灯($1.5 < \text{SAI} \leqslant 2$)，根据表 7-4 的供水应变措施，此时对于天津满足生活供水，适当减少工业供水，生活工业总供水量为 10×10^8 m³；对于唐山满足生活供水，适当减少工业供水，生活工业总供水量为 3.2×10^8 m³，滦河下游农业供水 6.3×10^8 m³。而实际的预警灯号为橙灯 O($2 <$

SAI≤2.5),此时对于天津满足生活供水,适当减少工业供水,限制大型用水户不急用水量,生活工业总供水量为 $8×10^8$ m³;对于唐山满足生活供水,适当减少工业供水,停用大型用水户不急用水量,生活工业总供水量为 $3.1×10^8$ m³;滦河下游农业供水 $3.9×10^8$ m³。

(3月,4月,5月)出现绿灯 G(0<SAI≤1)的概率为(13.30%,21.90%,10.70%),出现蓝灯 B(1<SAI≤1.5)的概率为(0%,33.80%,0%),出现黄灯 Y(1.5<SAI≤2)的概率为(86.7%,21.5%,0%),出现橙灯 O(2<SAI≤2.5)的概率为(0%,22.80%,89.30%),没有红灯 R 出现,灯号从绿灯 G 变化到橙灯 O,未来三个月的最终灯号难以判断,且黄灯 Y 与橙灯 O 出现的概率相差不多,此时预警灯号的确定取决于对未来的水文预报额决策者的风险态度。

如第 6 章中实时调度所述:水文预报受多方面因素的影响,水文预报精度不可避免地存在一定的误差,而且对于一次水文预报来说,面临时段的预测精度较高,越到预测时段后期,其误差越大。对未来三个月(3月,4月,5月)的预报来水较枯,3月、4月、5月的水位分别为 190 m、187 m、192 m,占水库有效蓄水的 25.73%、22.36%、28.76%。基于水库供水均匀以及减少供水区缺水破坏深度的原则,3 月、4 月、5 月应在黄色预警灯号的基础上减少供水,而应供与实际灯号橙灯 O 相应的水量。对于决策者来说,希望全面掌握系统的发展趋势,希望预见期越长越好。目前,再先进的预测手段和技术,都难以将未来很长一段时间水文发展进程预测准确,预报期越长误差越大,如果预测准确度和精度提高,则供水预警系统灯号确定的准确度也将随之进一步提高。

由于篇幅有限,不再对每年的供水预警计算过程一一列出。经过以上供水预警系统的分析与计算,对供水预警系统的准确率进行分析,表 7-11 为 1956~2000 年潘家口水库不同概率的供水预警系统的准确率分析;图 7-6 为潘家口水库不同累积概率的准确度变化;图 7-7 为潘家口水库不同累积概率的丰平枯水年整体准确度变化。

表 7-11　1956~2000 年潘家口水库不同概率的供水预警系统的准确率分析

累积概率 P	绿灯(G)		蓝灯(B)		黄灯(Y)		橙灯(O)		红灯(R)		OA/%	RI
	CA/%	PA/%	CA/%	PA/%	CA/%	PA/%	CA/%	PA/%	CA/%	PA/%		
0.01	72.53	96.43	0.00	0.00	3.57	0.87	12.34	3.20	20.43	5.32	71.58	−267
0.1	75.68	95.32	0.00	0.00	6.78	6.49	18.21	6.91	27.04	9.19	72.37	−219
0.2	76.36	95.41	7.92	10.54	12.39	10.24	20.01	11.93	35.66	15.42	73.09	−205
0.3	78.59	95.28	10.38	15.23	25.64	15.36	25.30	15.51	43.01	18.63	74.26	−153

累积概率 P	绿灯(G)		蓝灯(B)		黄灯(Y)		橙灯(O)		红灯(R)		OA/%	RI
	CA/%	PA/%	CA/%	PA/%	CA/%	PA/%	CA/%	PA/%	CA/%	PA/%		
0.4	80.42	93.65	26.75	30.35	28.72	31.42	27.18	20.36	45.81	20.17	75.91	−122
0.5	83.78	92.57	18.54	43.86	30.47	28.91	34.42	23.89	50.92	22.25	79.12	−84
0.6	86.29	92.80	25.69	32.67	27.36	24.02	38.97	27.60	56.87	28.06	79.26	−72
0.7	87.07	90.64	34.73	35.78	34.81	35.83	50.81	30.41	60.42	30.41	77.30	127
0.8	90.25	88.52	41.24	32.51	45.62	40.65	46.23	41.32	49.28	36.26	70.31	176
0.9	93.16	74.39	32.69	31.49	41.25	29.12	31.02	33.21	35.64	40.99	65.29	204
0.95	96.92	65.27	25.36	29.36	27.71	19.90	36.88	38.64	32.66	53.28	63.14	283
0.99	97.88	63.92	24.51	28.55	26.82	12.53	32.62	32.95	37.21	56.32	61.43	351
期望值	87.87	93.67	28.12	31.58	20.51	18.60	45.45	26.31	54.54	26.08	73.52	−97

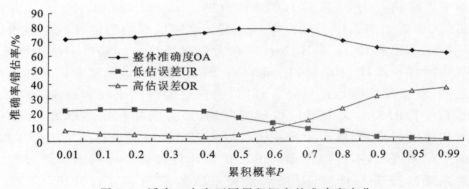

图 7-6　潘家口水库不同累积概率的准确度变化

　　表 7-11 描述了在不同累积概率 P 下,1956～2000 年的供水预警系统整体准确率、第 i 个灯号准确度(CA)、第 j 个灯号准确度(PA)以及风险指数 RI。当累积概率为 $P=0.6$ 时,整体准确度最高为 79.26%,当累积概率 $P=0.5$ 时,整体准确度也较高为 79.12%,当累积概率为 $P=0.99$(RI=351)时,其整体准确率最低为 61.43%;当累积概率为 $P=0.01$ 时,绿灯的第 j 个灯号准确度 PA 达到最高值 PA=96.43,这是因为实际绿灯(G)灯号为 379(表7-6),占总灯号(540)的很大比重,所以当 $P=0.01$ 时,会选择绿灯(G)为预警灯号。

　　图 7-6 表明不同累积概率 P 对应着不同的整体准确度(OA)、低估误差(UR)和高估误差(OR)。由表 7-11 和图 7-6 表明,累积频率在 $0.6 \leqslant P \leqslant 0.7$

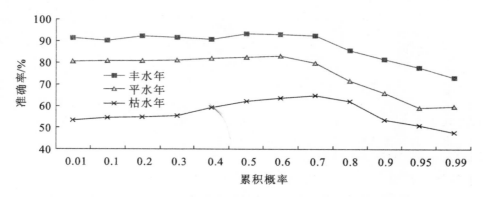

图 7-7　潘家口水库不同累积概率的丰平枯水年整体准确度变化

时 UR＝OR，即此时 RI＝0 表示预测的实际情况相符；同时可以看出，当 $P<$ 0.6 时，RI＜0 表示低估预测比较冒险；当 $P>0.7$ 时，RI＞0 表示表示高估预测比较保守。则累积频率 P 越大则越保守，所以在图 7-6 表明当 $P=0.99$ 时，高估误差 OR 达到最大值 OR＝37.1％。

　　图 7-7 为潘家口水库不同累计概率 P 对应的丰水年、平水年和枯水年的整体准确率分析。图中表明，丰水年的整体准确率比较高，一般在 90％～80％之间；平水年的整体准确率次之，大部分在 80％～70％之间；而枯水年的整体准确度最低，尤其在累计概率 $P<0.5$ 时，准确率更低，当 $0.5{\leqslant}P{\leqslant}0.8$ 时，枯水年的整体准确率稍有所提高。说明当水库来水较丰较稳定时，预警灯号较容易判断且准确率较高；来水较枯时，或存在潜在的较大变化时，很难作出预警决策，则预警的准确率较低。

　　在此复杂、多变的环境下，水库群联合供水调度和供水预警系统分析是一个高维、动态非线性问题，通过本书的研究虽然取得了一些成果，但还存在以下问题需要在以后的学习中进行更深入的研究。

　　（1）深入研究水库群供水预警系统。本书仅对预警供水指标和供水应变措施做了一定的研究，将整个供水系统做了一定的简化处理，在以后的研究中应结合各水库与供水区的供需水实时预测，与实时调度进行有机的耦合，实现宏观控制与微观调度相结合，使水库供水预警系统在生产实际中发挥更大的作用，同时，研究供水预警系统的应用普遍性，进一步研究是否适合于洪水预警等领域。

　　（2）开发水库供水实时调度的在线软件。由于本书研究的供水水库数量众多，实时供水调度的时段为旬，而实际的水库调度操作者决策者希望水库调度时段为日甚至到小时，因此在进一步的研究中应开发水库供水实时调度的在线软件，对水情等信息进行实时测报，并对预报和调度的偏差实施自动化控制,将更有利于将理论研究应用于生产中,并提高水资源的利用率。

参 考 文 献

黄强,黄文政,薛小杰,等.2005.西安地区水库供水调度研究.水科学进展,16(6):881-886.

刘丙军,邵东国,曹卫锋.2005.基于信息熵原理的作物需水空间相似性分析.水利学报,36(12):1439-1444.

万芳,黄强,邱林,等.2011.水库群供水调度预警系统研究及应用.水利学报,42(10):1161-1167.

谢季坚,刘承平.2005.模糊数学方法及其应用.武汉:华中科技大学出版社:143-165.

张静,黄国和,刘烨,等.2009.不确定条件下的多水源联合供水调度模型.水利学报,40(2):160-165.

Huang W C,Chou C C. 2008. Risk-based drought early warning sysytem in reservoir operation. Advances in Water Resources,31:649-660.

Huang W Z,Yang F T. 1999. Handy decision support system for reservoir operation in Taiwan. Journal of the American Water Resources Association,35(5):1101-1112.

Teegavarapu R S V,Simonovic S P. 2002. Optimal operation of reservoir systems using simulated Annealing. Water Resources Management,16(5):401-428.

Turgeon A. 2005. Daily operation of reservoir subject to yearly probabilistic constraints. Water Resources Planning and Management,131(5):342-350.